国家社会科学基金青年项目

县域农业面源污染规制研究

曹文杰　著

经济科学出版社
Economic Science Press

图书在版编目（CIP）数据

县域农业面源污染规制研究/曹文杰著．--北京：经济科学出版社，2022.9

国家社会科学基金青年项目

ISBN 978-7-5218-3985-2

Ⅰ.①县…　Ⅱ.①曹…　Ⅲ.①县-区域农业-农业污染源-面源污染-污染防治-研究-中国　Ⅳ.①X501

中国版本图书馆CIP数据核字（2022）第161426号

责任编辑：李晓杰
责任校对：李　建
责任印制：张佳裕

县域农业面源污染规制研究

曹文杰　著

经济科学出版社出版、发行　新华书店经销

社址：北京市海淀区阜成路甲28号　邮编：100142

教材分社电话：010-88191645　发行部电话：010-88191522

网址：www.esp.com.cn

电子邮箱：lxj8623160@163.com

天猫网店：经济科学出版社旗舰店

网址：http://jjkxcbs.tmall.com

北京密兴印刷有限公司印装

710×1000　16开　13.25印张　220000字

2022年10月第1版　2022年10月第1次印刷

ISBN 978-7-5218-3985-2　定价：58.00元

（图书出现印装问题，本社负责调换。电话：010-88191510）

前　言

在世界范围内，农业面源污染导致的土壤、水体及空气变化已成为威胁人类社会经济发展及生态环境安全的重要因素之一，管理和控制农业面源污染已成为国际社会共识。在中国，农业面源污染问题与经济发展和百姓生计等问题交织在一起，关系复杂，利益多元，已成为当前继农产品质量安全、土地征用和农民权益保障以及农村社会公共服务供给等农村社会治理问题后亟待解决的新难题。“天下之治始于县”，作为国家权力机构末梢的基层组织和治理单元，县域涵盖“三农”联结城乡，是习近平总书记所述“接天线”和“接地气”的“纽结”，亦是解决农业面源污染的主阵地。因此，县域层面采用有效的规制手段治理农业面源污染既是现实的迫切要求，也是农业面源污染治理的应有之义。

本书借助环境联邦主义、外部性与空间自相关、规制与政策工具等理论，利用调查分析、静态面板模型、梯度提升决策树模型、扎根探索式分析等量化及质性方法，基于2000～2018年561个样本县域面板数据以及农业生产者深度访谈数据对县域农业面源污染影响因素及规制路径进行多维研究。首先，在文献及理论基础梳理中论证本书的价值，架构研究路径；其次，分析农业面源污染源态势及规制机理，从中国农业面源污染规制演变中探寻农业面源污染县域规制逻辑；再次，分别从空间、经济社会环境以及农户行为动机层面实证检验县域农业面源污染关键影响因素；最后，在农业面源污染规制工具适用及应用研究基础上，将规制工具与由关键影响因素勾勒出的县域情境相拟合，设计县域农业面源污染动态规制体系，并为该体系的运行设计保障路径。

通过本书的研究，大体上得到如下几方面的结论。（1）在“零增长”政策引导下，近年来，中国在化肥、农药和地膜等资金投入增速放缓，甚至部分地区出现下降，但施用总量仍然处于高位；农用化学品不合理施用区域多位于农业大省，且在地域分布上呈现由东向西递减的趋势。农业面源污染作为农业发展到化学农业阶段的外部性产物，农地产权不完整、产权持续期限不稳定以及土地发展权缺失等产权强度问题是农业面源污染发生的重要原因；农业面源污染是农户成本—收益衡量以及农业风险规避的理性选择，这意味着仅以道德或者法律等手段规制农业面源污染往往难以奏效。从中国农业面源污染规制政策演进以及中央政府与地方政府在农业面源污染规制中权责分配关系的嬗变来看，县域层面规制或是提升农业面源污染治理有效性的关键路径。（2）县域农业面源污染存在边界效应，即省际边界的县域农业面源污染程度高于非省际边界，在当前农业面源污染治理中存在“边界忽略”型不均衡治理。“边界效应”的存在证明农业面源污染县域规制的必要性。统计分析结果表明，县域层面农业机械化、人口密度以及土地生产能力等影响因素在农业面源污染中的相对贡献度较高。这可以为农业面源污染县域提供直观的决策提示和参考。（3）农户生态意愿、生态素养、触发因素对农户农业生产面源污染行为存在显著影响；农户对因农业不当生产行为产生的农业面源污染有良好的认知，且大多农户重视农业生态环境安全，农户亦没有直接的污染意愿或动机，然而作为农业面源污染前置因素的生态意愿和作为内部驱动变量的生态素养并不能有效预测农户行为，真正触发农户采取不当农业生产行为的主要因素在于农业经营成本收益、生产要素替代及政府规制，其中，农业经营成本是农户污染行为发生的最根本原因。（4）规制工具的选择是县域农业面源污染规制运行的基础，而合适的规制工具要求与环境情境相匹配，本书构建了基于情境匹配的农业面源污染县域规制机制并设计了相关的配套机制。

基于以上研究结论，本书认为我国农业面源污染治理的创新思路如下：一是落实农业面源污染县域规制。首先，应全面整合农业面源污染相关法规，以法律形式明确县域治理权责，以完善的法治倒逼农业生态质量提升；其次，财政政策逐步向县域政府、农业环保工程及污染防治等倾斜；最后，把农业绿色生产率指标、农业资源利用效率以及农业生态绩效列为县级政府业绩考核标准，控制各类可能的农业面源污染产生路径。二是县域政府应精心设计农业面源污染规制工具，提升农业面源污染规制能力。一方面，要结合县域情境选择合适的规制工具，坚持规制工具的采纳应与“三农”持续深化改革相配合的原则，避免政策冲突或重合。另一方面，应谨慎使用经济规制工具，鼓励并推广社会参与规制工具，正面激励农户使用环境友好型投入品，抓住机遇走向“绿色农业”。三是县域政府在理念建设上塑造绿色价值观的同时应协同多元力量宣传和弘扬农业环保功能，倡导循环农业。在推广绿色发展理念的同时引入新的技术对农业面源污染源进行资源化处理，再将其以新的形态投入农业生产，充分发挥农业消化与吸收生产废料、净化环境的功能。四是政策制定主体在农户行为引导上应致力于促使农户把潜在的生态素养和意愿转变成实际的生态安全生产行为。可以在有条件的地区鼓励农户参与农业面源污染治理政策的制定，在农业面源污染治理过程中，尽可能保证公开、透明，增加农户信任度，为农户农业生态保护由意愿向行为的转化扫清障碍。五是应建立健全农业保险体制，降低农业生产不确定性，完善农业生产产量、价格、面积等数据库建设，加强公共服务投入，促进农业保险市场发展等。

曹文杰

2022年7月

目录

Contents

> > > > > >

第一章

导　论

第一节　研究缘起与研究意义

农业是国民经济的基础，亦是实现“中国梦”的基石。得益于制度创新和技术进步，改革开放后农业实现了全面发展，一方面表现为农产品产量大幅提升，据《中国统计年鉴》数据显示，我国在全年粮食总产量方面，已经实现了从2004年46947万吨到2021年68285万吨的快速增长，有力地保障了日益增加的食品需求；另一方面表现为农业总产值逐年增加，农业结构进一步优化，实现了由种植业为主向农林牧渔业协调发展的转变。但不容忽视的事实是，由于长期以来经济增长模式粗放，经济利益过度驱动以及对生态环境价值的忽略，农业生产与生态环境安全的矛盾日益突出，农业面源污染日趋加重。在农村，农业面源污染问题与“三农”问题交织在一起，已成为当前继农产品质量安全、土地征用和农民权益保障以及农村社会公共服务供给等社会治理问题后亟待解决的新难题。

一、研究缘起

（一）农业面源污染警示信号频现

中国粮食总产量的逐年增加很大程度上得益于化肥、农药等农用化学物资投入量的增加。据《中国农村统计年鉴》数据显示，改革开放以来，中国粮食播种面积由1978年的120587千公顷下降到2021年的117630千公顷，甚至在2003年达到最低值99410千公顷，而农用化肥施用量则由1978年的884万吨上升到2017年的5403.59万吨，增长率达到611.27%。农用化学物资施用量的大增，既增加了农业生产成本，又污染了农业及农村生态环境。

2010年国家统计局发布的第一次全国污染源普查公报数据显示，农业源（包含种植业、禽畜养殖业、水产养殖业，不包含农村生活源）化学需氧量（COD）排放总量为1324.09万吨，约占全国排放总量（3028.96万吨）的43.71%；农业源总氮排放量为270.46万吨，占全国总氮排放量（472.59万吨）的57.23%。2015年环境保护部发布的中国环境统计公报显示，废水中农业源COD排放量为1068.6万吨，约占全国排放总量（2223.5万吨）的48.06%；农业氨氮排放量为72.6万吨，约占全国排放总量（229.9万吨）的31.58%。农业面源污染不仅对水体造成破坏，还带来土壤侵蚀，导致农业生态系统退化，又通过水和食品污染损害公民健康，危害农业安全。秦天等（2019）基于Grossman宏观健康生产函数和2007~2018年中国省际面板数据，证实农业面源污染与公民健康之间呈显著负相关关系，农业面源污染的不断恶化显著增加了食源性疾病发病数。农业面源污染还带来不可估量的经济损失。章力建和朱立志（2005）曾粗略估计，中国每年因不合理施肥造成的直接经济损失约300亿元；农药浪费造成的损失达到150多亿元，而对人体及农产品质量安全造成的直接损失则无法估量。农业面源污染已不容忽视且警示信号频现。

当然，农业面源污染并非地域现象，在全世界范围内，农业面源污染是水体污染的主要原因已成为普遍共识。美国、日本、欧洲等发达国家或地区早在20世纪70年代左右就开始制定农业面源污染管控的相关制度和法律法规，但农业面源污染并没有得到有效遏制。21世纪初，欧美国家不得不承认农业面源污染带来严重危害的事实，如美国环保局2003年的相关调查报告显示，约40%的河流和湖泊水体水质不合格可归因于农业面源污染；欧洲环境署2003年的相关报告亦披露，在欧洲国家，农业面源污染是造成水体硝酸盐污染和磷富集的最主要原因。可以说，农业面源污染问题是全球共性问题，农业面源污染的治理工作也受到各国尤其是发达国家的普遍重视。在中国，农业生产实践中以家庭为单元的细碎化生产经营形态使面源污染治理处于困境，伴随着经济的飞速发展，农业面源污染所带来的一系列问题或将进一步凸显。

（二）"失焦"的农业政策及"失灵"的农业环境规制

农业是基础产业，长久以来"粮食增产农民增收"一直是公共部门农业农村政策的主要目标。为此，党的十六大以来，中国给予农业、农民和农村一系列的政策倾斜和优惠，其中之一就是对农药、化肥、薄膜等农业生产资料给予了综合直接补贴。2014年，农业部发布的《国家深化农村改革、支持粮食生产、促进农民增收政策措施》中提出了包括农资综合补贴在内的50项惠农政策。必须承认，农资补贴政策的推行极大地提高了中国粮食生产和供给的能力及水平，降低了农户生产成本，增加了农民收入，但与此同时也出现了非预期的激励效果，即农户在农业生产中投入过多的农药、化肥等农用化学品。从某种程度上来说，这种以"粮食增产农民增收"为主导的"失焦化"政策对农业生态环境产生了不容忽视的负面影响。

城乡发展不均衡在环境保护领域的表现是主流的环境保护政策、资金投入、设施建设等均偏向于工业点源污染及城市污染的管控工作，而农业农村的环境保护则因为缺乏关注和投入而稍显空白。虽然近年来决策层已经关注到农业面源污染占据“半壁江山”的事实，但对农业面源污染的管控一直乏力，存在着典型的“重技术重建设”偏好，如测土配方施肥技术、综合病虫害防治技术以及人工湿地建设等在很多地区已经逐渐展开，然而由于配套管理没有跟上来，最终呈现出一种“轻管理轻机制”的“失焦”状态。

有效治理农业面源污染是贯彻落实“绿水青山就是金山银山”发展理念、实现乡村振兴战略的重要抓手。诚然，政府层面已予以高度重视，并在政策制定与财政资金上给予过大力支持，如2016~2017年财政部联合国家发展和改革委员会启动了农业突出问题治理项目，在江苏省、浙江省、安徽省、江西省、河南省、湖北省、云南省以及重庆市等八省份投入11.9亿元用于农业面源污染综合治理。然而据测算，试点地区COD排放量同比下降仅为0.31%，氨氮排放量同比下降仅为0.36%（李丹，2017），治理效果差强人意。农业环境保护滞后的其中一个因素是农业生产行为的外部性无法通过市场手段的价格工具内部化，存在着市场失灵，而此时农业面源污染环境规制机制的缺失又使得“政府失灵”，无法通过干预供给公共产品，在市场与政府“双失灵”裹挟下，农业面源污染加重趋势不可遏制。

（三）分异化农业面源污染治理需求迫切

中国地域差异问题由来已久，这其中既源于自然条件差异，还有经济、社会、文化、习俗等各种因素的影响，更有近些年国家发展规划的几番推进。改革开放前后，中国分别实行了高度集权划一的计划经济形态和区域经济非均衡发展策略，一度将中国从区域发展均衡状态变为从珠三角、长三角经济发展区到西部大开发、东北振兴、中部崛起战略等导致的区域差异逐步扩大状态。区域差异主要表现在东中西部发展不均衡，在经济发展水平上由东向西呈递减的阶梯状态；南北地区间不平衡差距迅速拉大，且存在着进一步扩大的趋势。

农业面源污染排放受地域特征及公共部门治理能力和水平的影响，同一面源污染源在不同省域或县域可能会导致不同程度的排放量，这一特征是对农业面源污染分异化治理的呼吁。分异化治理本质上是对“划一”这一无差别粗放式管理的“拒绝”，是建立在多元思维基础上的精细化治理方式。农业面源污染分异化治理不仅可以调动地方公共机构治理环境的积极性，更是提升环境治理效度的重要举措。

（四）农业面源污染治理的顶层推动与决策面支持

面对农业面源污染日益严重的演化趋势，政府在政策层面对其治理给予了高度重视，出台了一系列密集的规定及政策措施。如2011年《国民经济和社会发展第十二个五年规划纲要》中提出，农药、化肥和农膜等面源污染治理是改善农业生产、农村生活条件的重点领域。同年，农业部发布的《关于进一步加强农业和农村节能减排意见》中提出了将减排目标细化为测土配方施肥覆盖率达到60%、化肥利用率提高3%、主要粮食作物病虫害防治率达到30%的具体的农业面源污染节肥节药减排措施。2012年减排目标进一步具体且细化，国务院印发的《节能减排“十二五”规划》提出农业COD排放量和农业氨氮排放量相较2010年应分别下降8%和10%的明确要求。也正是在2012年，决策层将生态文明建设放在与经济、政治、文化、社会建设同等重要的地位，尤其重视农村生态文明建设。针对农业面源污染领域，主要体现在2013年的《中共中央国务院关于加快发展现代农业进一步增强农村发展活力的若干意见》强调要搞好农村土壤环境治理，推进农村生态文明建设。一年之后的2014年，中共中央、国务院在《关于全面深化农村改革加快推进农业现代的若干意见》中提出通过加大农业面源污染防治力度、支持高效肥和低残留农药使用以及推广高标准农膜并试点残膜回收等工作促进生态友好型农业发展，以建立农业可持续发展长效机制。同年，农业部提出了“一控两减三基本”的新常态目标，即“一控”农业用水总量，化肥与农药施用量“两减”，秸秆、禽畜粪便、地膜“三基本”回收利用，这标志着农业环境治理进入了新阶段。2015年中共中央、国务院在《关于加大改革创新力度加快农业现代化建设的若干意见》中提出了具体的农业面源污染治理措施，如开展测土配方施肥，推广生物有机肥、低毒低残留农药等。2015 年召开的全国农业生态环境保护与治理工作会议提出了农业面源污染治理的五年细化目标，即到 2020 年农作物化肥及农药使用总量实现零增长、当季农膜回收率达到 80%以上、在耕地重金属污染治理方面建立长效机制；2016 年《国民经济和社会发展第十三个五年规划纲要》进一步明确生态友好型农业的发展目标，推广化肥农药使用量零增长行动，测土配方施肥、精准高效施用农药等成为将来主要的农业面源污染治理措施。2018 年，国务院机构改革方案正式亮相，改革方案的重中之重在于保护自然资源和生态环境的大部制改革，在国土资源部和环境保护部的基础上重新组建“自然资源部”和“生态环境部”，其中，将农业面源污染管控职能从农业部分离出来，隐含着农业资源利用和农村生态环境保护具有同等重要的意义。

二、研究意义

以上研究背景催生了作者对“农业面源污染现状如何”“农业面源污染的深层次原因是什么”“如何提升农业面源污染规制效度”等一系列问题的思考，在这些思考的推动下，本书做出了“在县域分异情境下规制农业面源污染”的研究假设。当前该研究将至少具有以下现实和理论意义。

首先，作为国民经济基础的县域，不仅涵盖“三农”联结城乡，更是解决农业面源污染问题的主阵地。一方面，在县域尺度对农业面源污染进行剖析，了解其县域时空分异特征及关键影响因素，探求农业面源污染县域规制路径，在研究意义上，将至少具有透视环境规制模式的微观含义。另一方面，本书从农业面源污染规制嬗变逻辑、环境规制的“集分权悖论”等方面详细分解了县域规制农业面源污染的理念，拓展了环境联邦主义理论的内涵和外延，并结合中国农业面源污染现状进行实证分析，为环境联邦主义理论提供了实证证据，是对经典环境联邦主义理论的有益补充。

其次，如果说上面的研究意义更倾向于对农业面源污染的理论提炼，那么县域农业面源污染研究在实践上亦可以为目前的“乡村振兴”战略提供重要的决策提示。21 世纪以来，中国农药、化肥和农用地膜等生产资料的使用量均居世界首位，在带来农业生产效益的同时造成的危害亦触目惊心。化肥过施导致土壤板结、酸化、肥力下降，加重水体富营养化，甚至影响大气环境；2/3 的农药进入了水体、土壤及农产品中，直接威胁人类健康及生态安全；地膜残留阻碍耕层形成改变土壤性质，在中西部粮食主产区尤为突出。农业面源污染治理无疑有助于改善农业农村生态环境，促进农民增收和农产品安全，并顺利推进中国正在进行的农业现代化改革，而正如公众所期待的，农业面源污染治理和农业可持续发展已被中央提上了日程。面对农业面源污染治理这一艰巨战斗，本书从治理变迁的嬗变逻辑乃至理论角度探索农业面源污染县域规制路径，对深度理解农业面源污染治理政策并在实践中贯彻执行将大有裨益。

最后，农业面源污染研究的意义还在于，大部分环境问题在一定程度上都兼具面源污染的特点，如排污监督困难，均需承担一定水平的监督成本等，研究农业面源污染及其治理，对分析工业污染、交通污染、雾霾等大气污染等难以监督的污染类别具有同样重要的理论和实践指导意义。

第二节 文献综述及研究切入点

世界范围内，农业面源污染对流域水环境质量的威胁激发了各国政府、国际组织以及研究机构的广泛关注。20 世纪 70 年代，美国率先开展农业面源污染研究，随后各国相继跟进，经过几十年的发展，研究成果数量繁多且总量仍在快速增长。这些成果客观记录了农业面源污染领域的发展概貌并通过知识单元或知识群的形式以文献回顾为载体呈现在相关研究中，为其提供知识基础。但有限的文献回顾并不能清晰地呈现出农业面源污染研究中各知识群之间网络、架构、互动、交叉、演化或衍生等诸多隐含的关系脉络，而这些复杂的关系脉络恰好孕育着新知识的产生，因而亦未能很好地为后续研究提供热点分析及前沿探索的参考坐标。庞大的知识领域及其知识群的动态属性给研究者的文献挖掘工作带来挑战。对于农业面源污染研究而言，国际范围内过去40年研究主题（知识群）是如何演进的？各主题间如何关联？哪些文献起到了关键转折点或里程碑作用？研究的最新前沿是什么？厘清且准确识别及探索这一系列问题实非易事。而这对于系统把握该研究领域、提高科研效率非常关键。

作为一种内容分析方法，文献计量分析通过对文献进行科学识别、全面统计与系统整理，将研究者从浩如烟海的文献文本解读中解放出来，近年来颇受研究者追捧。本书借助可视化的文献计量分析工具从整体上把握农业面源污染研究动态，绘制知识图谱，廓清基于文献共被引的知识基础及主题间关系脉络，并在此基础上厘定前沿热点，是对国际农业面源污染框架研究的新尝试。本书以 Web of Science（以下简称 WOS）为文献检索平台，选择“WOS 核心合集”数据库，检索时间跨度为全年份（最早的研究文献出现于 1976 年，实际年份为 1976 ~ 2018 年）。考虑到文献的集中度与覆盖面，检索策略设定为 TS =（“non-point” or nonpoint or diffus*） AND TS =（pollution） AND TS =（agricultural）。该策略基本涵盖农业面源污染专用术语，同时排除城市及农村面源污染相关文献，保证检索准确率；为避免跨学科文献的丢失，未对文献来源进行精简；数据检索日期为 2018 年 6 月 8 日，共检索出 2941 条记录。将检索所得文献记录以“摘要、全记录（包含引用的参考文献）”的格式下载保存为纯文本文件，作为本书分析数据样本。

农业面源污染研究文献记录年份分布如图 1 – 1 所示，研究者约于 20 世纪 70 年代开始关注农业面源污染问题并有研究成果呈现。彼时为有效遏制五六十年代以来因农业集约化迅速发展而导致的农业面源污染问题，美国政府发布以《清洁水法》为代表的一系列流域水体污染防治法律，明确提出控制面源污染，并鼓励农民采取农业最佳管理实践（best management practices，BMP），成为最早对农业面源污染进行系统治理的国家。实践上的快速推进并未带来学术上的研究热潮，或许是因为研究范式尚处于早期探索阶段，农业面源污染研究一直未广泛进入学者视野。这种局面一直持续到20世纪90年代，此后研究成果数量快速增长。

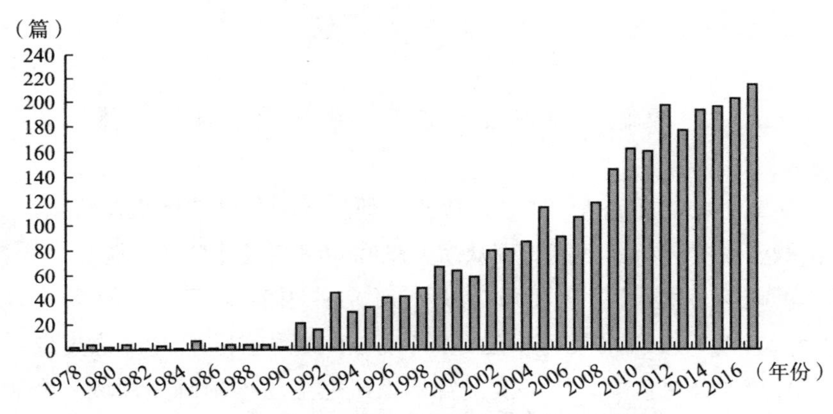

图1-1 农业面源污染研究文献记录年份分布

资料来源：Web of Science，经作者整理后绘制而成。

本书借助CiteSpace（版本5.2.R2）对农业面源污染的研究文献进行科学计量。CiteSpace是陈超美研发的用于文献分析可视化的Java应用程序，其主要功能是通过对研究领域相关文献进行计量建模，绘制图谱来呈现研究领域的关键演化路径，帮助用户探测研究前沿，实现文献研读方式从主观化碎片化向客观化全景化的转变。共被引分析是CiteSpace的核心功能。共被引聚类后CiteSpace提供多种方式来展示图谱，如聚类图谱、时间线图谱、时区图谱等，这些图谱均可以呈现研究领域的发展演变并进而用于主题及前沿热点分析。

文献的可视化图谱分析仅能提供把握知识关联的演进脉络，脉络背后的规律性信息解读才是关键。一般而言，研究领域的阶段发展由研究主题演变推进，而研究主题的演变则是通过知识基础（intellectual base）和研究前沿（research front）两组时变对偶（time-variant duality）概念勾勒出来的（陈超美，2009）。知识基础是相关研究文献的共引脉络；研究前沿是知识基础的衍生，是其蕴含的活跃成分，代表着正在或即将涌现的研究方向或主题。基于此，本书通过文献共被引聚类分析绘制可视化图谱，通过解读图谱寻找研究主题演变规律，划定研究发展阶段，在此基础上寻找关键、活跃主题，探索前沿侦测热点，以客观认识国际农业面源污染研究全貌。

一、基于文献计量的农业面源污染研究演进及综述

研究主题的演变规律能够清晰揭示研究领域的结构脉络及特点。文献共被引聚类分析因其能梳理众多文献间知识链接并将其系统化为为数较少的研究主题间链接而成为识别研究主题演变规律的有效路径。CiteSpace 的共被引聚类分析通过节点大小及颜色标识关键聚类成员，并通过聚类模块色彩、线条及位置标识研究主题绘制研究领域的全貌，从而分析研究主题的演变并寻找研究前沿发展轨迹。

将文献数据导入 CiteSpace，时间跨度设置为 1991 ~ 2018 年，时间切片设置为一年，节点类型选择参考文献（Cited Reference），提取每个时区中年被引次数最高的前 30 篇文献，构建共被引网络。考虑到时间线（Timeline）图谱侧重在时间序列上勾勒聚类主题的历史跨度及聚类成员间关联，更能直观表征知识演进，运行聚类分析后执行 Timeline view 指令，得到纵轴为聚类编号、横轴为引文发表年份的共被引网络的时间线图谱（见图 1 - 2）。聚类命名选择标题术语并经 LLR 算法予以标注。节点下方标注参考文献，节点圆圈的厚度表明该文献的被引频次。基于本书研究需要及受篇幅所限，本书仅选择规模在 32 以上的聚类予以呈现，共得到 13 个研究主题，在图谱中按照规模大小垂直降序排列。

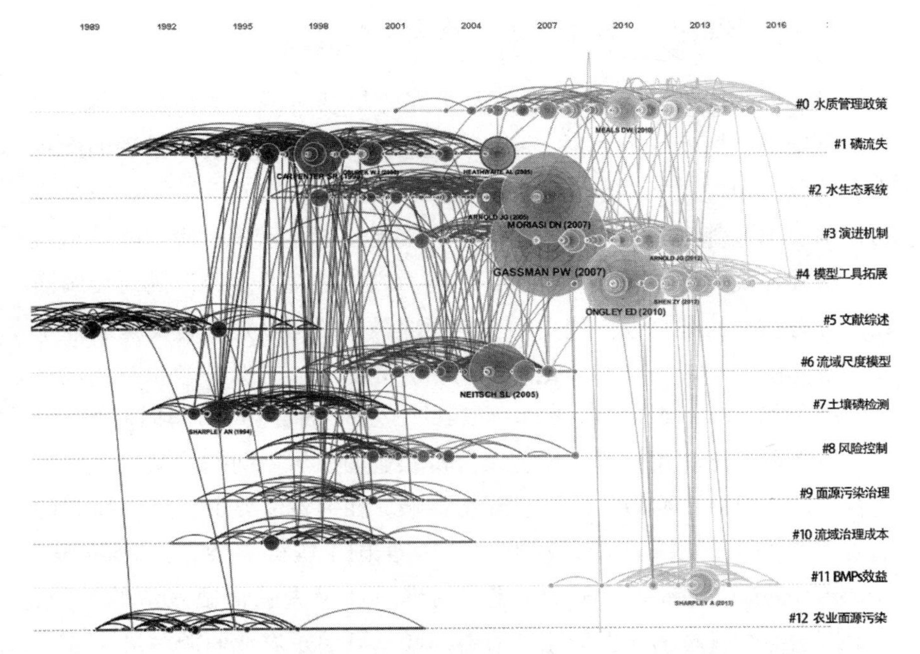

图 1-2 基于 1991～2018 年被引频次前 30 文献构建的共被引聚类时间线图谱

资料来源：由 Citespace 软件绘制而成。

模块值（Modularity Q）和平均轮廓值（Mean Silhouette）是反映聚类边界清晰度和聚类规模的两个指标。图 1-2 中模块值高达 0.854，表明农业面源污染各研究主题间界限清晰，领域分化显著；相对而言，平均轮廓值则较低，仅为 0.251，这是因为农业面源污染研究视角多样，研究范式各异，从而导致众多小聚类的存在。从时间线图谱可看到，农业面源污染研究主题持续期各不相同，如规模最大的#0 聚类持续时间长达 20 年，且目前仍是活跃聚类。一些聚类持续时间则相对较短，这或许是缘于该主题深入研究价值不足或学者们在研究过程中探寻出了新的研究路径转向另一研究主题。各研究主题领域颜色差异表征着该领域首次出现共被引链接的时间差异，聚类之间的知识流向遵循由深到浅分布，代表着农业面源污染研究的不同发展阶段。

（一）早期农业面源污染概念化研究

1976～1990年为农业面源污染研究的早期阶段，该阶段仅包含2个主题聚类，即#5文献综述及#12农业面源污染，在图谱中呈现的颜色为深紫色。通过原文献研究发现，该聚类文献集中在对面源污染特征及污染源识别等基础概念与理论的探讨。聚类图谱显示该时段文献总量较少且与其他聚类节点的连接较弱，影响力高的论文不多，但其对后续研究仍具有较强的解释性。聚类中引用频次最高的文献是来自美国农业部农业研究所的学者杨（Young，1989）等人在《水土保护学报》（*Journal of Soil & Water Conservation*）发表的《农业面源污染评估模型》一文，该文最早试图用计算机模型来分析农业面源污染问题。从聚类间连线看，该文对#12聚类的研究有重要影响。在#12聚类中，安布斯和劳伦斯（Ambus and Lowrance，1991）在《美国土壤科学杂志》（*Soil Science of America Journal*）发文论述了河岸缓冲带去除化肥残留的效用，开始探索实践管理措施的效用和效益问题，开启了农业面源污染研究的新阶段，即细化研究阶段。随着知识群组的演进，#5聚类研究后期出现了两篇中心度高的文献：一是格林伯格（Greenberg，1992）等编写的《水和废水检验的标准方法》一书，该书后期成为诸多农业面源污染研究者的参考工具；二是蒂姆和乔利（Tim and Jolly，1994）提出的将GIS与模拟建模相结合用于面源污染控制和规划的研究。两文献均试图创造或利用新的研究工具解释农业面源污染，标志着下一阶段工具建设研究的开端。

（二）20世纪末农业面源污染细化研究

在经过早期概念化发展阶段后，随着研究的逐步升温，知识溢出表现出迫切性，农业面源污染研究进入第二阶段即研究工具建设阶段，研究者尝试借助各种研究工具来探析潜在问题。该阶段主要包括#1磷流失、#7土壤磷检测、#9面源污染治理及#10流域治理成本四个聚类。虽然聚类主题较多，但从图谱可以看出聚类间连线密集，主题间相互关联，表明此研究阶段具有较强凝聚力。从聚类规模和成员来看，#9 和#10 聚类规模小且缺乏代表性文献，而#1 和#7 聚类不但规模较大（文献数量分别为 94 和 47），其成员文献在整个农业面源污染研究中都具有一定的影响力。

表 1 - 1 报告了分布于#1 和#7 聚类的主要文献以及相关指标。指标包括被引频次（frequence）、突变值（burst）、中心度（centrality）及 $\sum$ 值，其中，频次高低表明该文献与其他学术研究之间关联性强弱，突变值表明文献在相关研究中是否处于前沿地位，中心度和 $\sum$ 值则表明文献的结构性和影响力。从表 1 - 1 中看出，沙普利（Sharpley，1994）等撰写的《农业磷的环境无害化管理》一文是本阶段共被引网络的关键节点，中心度和 $\sum$ 值均排在第一位。该文主要探讨农业径流中磷流失问题，是农业面源污染由概念化研究转向污染源分解、污染治理举措等细化研究的转折点。本聚类被引频次最高的是卡彭特（Carpenter，1998）等人的文章，文中分析了美国农作物种植及禽畜养殖过程，认为农田中过量施肥及高密度禽畜养殖是农业面源污染产生的重要原因。该文发表后在美国甚至全球范围内都引起较大反响，标志着农业面源污染细化研究的深入。从主要文献的研究内容来看，该阶段研究方向集中在农业面源污染原因、影响因素分析及污染物迁移机理。在聚类后期的研究文献中，分别发表于 2000 年和 2005 年的两篇文章蕴含着新的研究主

表 1 - 1　　分布于#1、#7 聚类的各指标排名前十的主要文献

作者	年份	来源期刊	被引频次	突现值	中心度	$\sum$ 值	聚类
卡彭特	1998	生态学应用	38（4）	15.01（5）	0.00	1.05	#1
希斯威特	2005	水文学期刊	29（8）	9.77	0.12（3）	3.14（3）	#1
沙普利	1994	环境质量杂志	24	12.39（6）	0.16（1）	6.23（1）	#7
沙普利	1997	环境质量杂志	16	6.37	0.09（5）	1.70（10）	#1
格布雷克	2000	环境质量杂志	25（10）	7.66	0.08（6）	1.82（8）	#1
西姆斯	1998	环境质量杂志	15	5.86	0.08（6）	1.58	#7

资料来源：作者根据 CiteSpace 软件统计结果自行绘制；括号内为排名，仅前十有标注。

题，一篇为格布雷克（Gburek，2000）等针对农业流域磷素流失的水文调控研究，另一篇为希斯威特（Heathwaite，2005）等人发表的基于连通仿真模拟的农业面源污染关键源区建模与管理研究。二者均利用模型模拟工具提出关键源区治理措施，为后续农业面源污染研究提供了重要的研究视角和工具。

（三）21 世纪初的工具研究丰富阶段

上一阶段的细化研究将农业面源污染研究外推到更广泛的研究领域，为深入解释污染问题提供了知识基础。第三阶段的研究异常活跃，节点数目众多，高影响力文献频现，聚类规模较大，聚类轮廓阈值（Silhouette）均在 0.7 以上，表明聚类主题明晰，成员间具有相对较高的同质性。本阶段在图谱中呈现的颜色为橙色，主要构成聚类包括#2 水生态系统、#3 演进机制、#6 流域尺度模型及#8 风险控制。得益于计算机运算能力的提高，本阶段以模拟模型工具研究为主。表 1－2 报告了本阶段主要聚类中各指标排名前十的主要文献。从文献突现值来看，本聚类主题的前沿指数较高，代表着该时段农业面源污染研究跨越式的发展。其中，被引频次及突现值较高的文献有三篇，分别为：加斯曼（Gassman，2007）等发表的《水土评估模型（SWAT）：历史发展、现状及研究趋势》，该文在整个农业面源污染领域研究均有着卓著的影响力；莫里亚西（Moriasi，2007）等发表的《流域模拟精度的系统量化模型评价准则》；内特斯彻（Neitsch，2005）等编写的 SWAT 模型理论手册。这三篇文献均针对农业面源污染的模拟模型工具展开研究，是该研究阶段的标志性特征。

表 1－2　　分布于#2、#3、#6 聚类的指标排名前十的主要文献

作者	年份	来源期刊	被引频次	突现值	中心度	∑ 值	聚类
加斯曼	2007	美国农业与生物工程学报	84（1）	32.51（1）	0.01	1.40	#3
莫里亚西	2007	美国农业与生物工程学报	70（2）	23.51（2）	0.06	3.79（2）	#2

续表

作者	年份	来源期刊	被引频次	突现值	中心度	∑值	聚类
内特斯彻	2005	土壤水资源评估	44（4）	21.46（3）	0.01	1.22	#6
阿诺德	2005	水文过程	35（6）	11.88（10）	0.07	2.25（4）	#2
内特斯彻	2011	土壤水资源评估	22	12.07（8）	0.01	1.09	#3
阿诺德	2012	美国农业与生物工程学报	25	12.03（7）	0.00	1.03	#3
博拉	2004	美国农业与生物工程学报	18	5.67	0.12（3）	1.92（7）	#6

资料来源：作者根据 CiteSpace 软件统计结果自行绘制；括号内为排名，仅前十有标注。

（四）当前以治理为主题的研究扩张阶段

得益于研究工具丰富的支撑，近年来对农业面源污染的理解有了实质进步。研究主题扩张阶段的聚类包括#0 水质管理政策、#4 模型模拟技术的适用及拓展以及#11 聚类 BMPs 效益，在图谱中呈现的颜色为黄色。#0 聚类是最大的聚类，包含了发表于 2001 年至 2017 年的共计 116 篇文献，聚类轮廓值为 0.819。#4 聚类形成时间较晚，包含从 2007～2017 年发表的 62 篇文献，聚类成员不多，轮廓阈值为 0.91。#11 聚类仅包含 33 篇文献，属于较小聚类，轮廓阈值为 0.9。文献的时间分布以及与其他聚类的节点连线显示这三个聚类仍然活跃，表明了其所对应主题的研究价值和可持续性。

表 1－3 详细列出了#0、#4、#11 聚类中前十位高被引文献及其相关指标。相较于前三个阶段，文献的影响力强度明显不足。这和文献的发表年份有关，较新文献的影响力需要时间来检验。研究内容呈现出较强的主题扩张特征，主要包括磷迁移的季节性特征、最佳管理实践的水质响应滞后、磷遗留及修复措施、关键源区识别、模型模拟技术的适用等主题。值得关注的是，在#4 聚类中，经由 LSI 运算出的关键术语，排在第一位的是“China”。查阅文献可知，2010 年以来，中国已然成为研究热点区域。在表 1－3 报告的高影响力文献中，以中国为研究区域

的文章有四篇，其中，翁格利（Ongley，2010）等发表的关于中国农业和农村面源污染估算的文章突现性和被引频次均较高；另外，中国学者的研究成果在国际上影响力大幅提高。沈珍瑶等发表于2012年的文章，提出修改国外引进模型的相关流程及关键参数，以构建适应中国实际的农业面源污染模型，该文无论在被引频次还是突现值方面都有不俗的表现。

表1-3　#0、#4、#11聚类中被引频次前十位的成员文献

作者	年份	来源期刊	被引频次	突现值	中心度	∑值	聚类
翁格利	2010	污染环境	63	21.44	0.03	2.06	#4
米茨	2010	环境质量杂志	31	11.42	0.07	2.12	#0
沙普利	2013	环境质量杂志	26	12.51	0.00	1.00	#11
沈珍瑶	2012	分离与净化技术	24	11.52	0.03	1.45	#4
乔丹	2012	整体环境科学	22	9.04	0.03	1.30	#0
刘瑞明	2013	农业水管理	22	11.06	0.00	1.04	#4
杜迪	2012	环境管理杂志	20	7.42	0.08	1.78	#0
尼拉罗	2013	生态建模	20	10.27	0.00	1.01	#11
丁晓雯	2010	水文学期刊	19	8.83	0.01	1.08	#4
沃尔	2011	环境科学与政策	18	6.68	0.03	1.22	#0

资料来源：作者根据CiteSpace软件统计结果自行绘制。

综上，前面借助共被引聚类分析绘制时间线图谱，将农业面源污染研究划分为概念化阶段，以污染原因、影响因素分析及污染物迁移机理为特征的细化及研究工具建设阶段，以计算机模型模拟为主的工具研究丰富阶段以及当前的以治理为主题的研究扩张阶段。通过对高影响力文献的解读可以发现，每一阶段发展后期都蕴含着新兴知识的溢出，推动新主题的诞生，使得农业面源污染研究呈现螺旋式动态演进过程。

二、农业面源污染研究前沿与热点分析

目前仍在活跃的大型聚类代表着学科的前沿方向及尚未得到解决的科学命题，蕴含着新兴知识的溢出，选取仍然活跃的典型聚类进行研究前沿探测是共被引分析的落脚点。一般而言，积极引用聚类成员文献的活跃施引文献是因其包含了更多信息而代表了该聚类主题的研究前沿。而关键词在一定程度上代表着论文的核心观点，是对论文主题的高度概括，分析相关文献关键词有助于挖掘文献所属领域的研究热点。因此，在接下来的讨论中，将首先择取#0、#4、#11 三大聚类的活跃施引文献进行研究前沿探测，然后考虑活跃聚类的时间分布，利用 2012 年以来的文献关键词析出研究热点。

（一）农业面源污染研究前沿探测

（1）水质管理政策——#0 聚类。表 1-4 报告了#0 聚类的活跃施引文献，文献普遍较新，主要发表于 2016 ~ 2018 年。2016 年托马斯（Thomas，2016）的两篇文献仍在探讨通过建模确定水文敏感指数以划定关键源区，这是#0 聚类知识基础的自然延续。但在 2018 年，该聚类研究普遍关注的研究主题有两方面，一是水质管理政策的响应滞后研究。维罗（Vero，2018）的一篇针对水质政策有效性滞后问题的研究综述在本聚类最为活跃，引用了聚类 27% 的文献，是与该聚类最相关的一篇施引文献。该文认为，当前对水质政策效果的时间滞后效应研究不充分，建议研究滞后时间的量化以确立合理的政策预期并设计有效的最佳管理实践。同年，马兰德（Mallander，2018）的两篇文章提出将气候化学指标列入流域检测指标以改进水质管理；并再次强调了水质改善对政策的响应滞后问题，建议以目标水质参数来衡量政策效果。二是水质管理政策的优化选择研究。柯林斯（Collins，2018）对欧盟水框架指令下“基本”（强制）和“补充”（激励）措施进行建模评估及优化选择。由此可以判断，过去致力于农业面源污染的技术识别及工具措施研

究已比较充分，当前的研究正转向水质改善政策及其绩效，更细节的问题如环境政策实践滞后效应的量化将成为有待挖掘的研究领域。

表 1-4　　#0 聚类的活跃文献

覆盖率	文献
0.27	维罗等．欧洲和北美排肥时滞导致的环境现状与启示研究综述［J］．水文地质学杂志，2018，26：16
0.21	马兰德等．面源污染从陆地向水体扩散的综合气候指标研究［J］．科学报告，2018，8（1）：944
0.19	梅兰等．农业和治理变化对地表水水质的影响：中尺度流域研究综述［J］．环境科学与政策，2018，84：19-25
0.14	柯林斯等．农田养分和沉积物基础控制措施修订后对英格兰农业面源污染的潜在影响评估［J］．整体环境科学，2018，621：13
0.14	托马斯等．基于高分辨率数据的亚尺度下关键源区磷流失指数管理研究［J］．农业生态系统与环境，2016，233：15
0.13	托马斯等．面源污染关键源区的识别研究——基于激光雷达 DEM 在水文敏感区的应用研究［J］．整体环境科学，2016，556：15
0.11	艾伯特等．农业小流域河流富营养化的趋势和季节性——基于法国 18 年公民科学周刊数据的研究［J］．整体环境科学，2018，624：14

资料来源：作者根据 CiteSpace 软件统计结果绘制，仅显示覆盖率高于 0.10 的文献。

（2）模型模拟技术的适用及拓展——#4 聚类。#4 聚类的活跃施引文献如表 1-5 所示。活跃研究主题的前沿文献分布于 2011～2018 年。从研究地域来看，中国学者对本聚类研究贡献度最高。虽然中国开展农业面源污染研究相对较晚，但近年来异军突起，贡献出较多研究成果。从研究机构来源来看，北京师范大学的研究成果较有代表性，从表 1-5 可以判断出 60% 的活跃文献均来自该机构，其在污染物迁移过程、流域面源污染模拟以及流域综合治理等方面进行了充分的研究。

该领域活跃文献的研究内容主要有两方面：一是尝试用新的研究工具解释农业面源污染，分析原因并寻找减轻污染的措施，如徐文（Xu W，2018）利用生态网络工具来分析土壤氮循环问题，以寻求适宜的施肥模式降低农业面源污染；蔡宴朋（Cai Y P，2018）构建了充分考虑农业系统复杂性的模糊二层多目标规划模型，为不同层次农业面源污染治理决策者确定合适的管理策略；以及利用出口系数模型（CEM）进行面源污染氮磷负荷评估及空间分析等。二是计算机模型模拟工具的适用性，如刘瑞明（Liu RM，2014）基于 SWAT 模型模拟了最佳管理实践方案对减少中国农业面源污染的有效性和成本效益。这两方面的研究代表着本聚类的前沿研究方向。

表 1－5　　#4 聚类的活跃文献

覆盖率	文献
0.32	徐文等．基于土壤氮循环生态网络分析的水库流域农业非点源污染管理［J］．环境科学与污染研究，2018，25：14
0.22	蔡宴朋等．不确定条件下的农业面源污染管理研究——基于模糊双层多目标规划的输出系数模型的研究［J］．水文学期刊，2018，557：13
0.15	刘瑞明等．基于 SWAT 模型的最佳管理措施在中国农业面源污染控制中的成本效益分析［J］．环境监测和评估，2014，186：12
0.12	马啸等．湖北省三峡库区非点源氮磷负荷评价与分析［J］．整体环境科学，2011，412：154－161
0.12	马啸等．三峡库区农业非点源氮磷负荷与水质关系评价［J］．脱盐与水处理，2016，57（44）：20985－21002

资料来源：作者根据 CiteSpace 软件计量结果绘制，仅显示覆盖率高于 0.10 的文献。

（3）BMP 效益——#11 聚类。#11 聚类活跃施引文献仅有 3 篇且均发表于 2018 年。其中两篇分别发表在《生态经济学》（*Ecological Economics*）以及《气候变化》（*Climatic Change*），作者均为来自美国密歇根大学的徐海（Xu H，2018），文章以伊利湖为例，研究基于土地利用的空间优化管理策略以平衡水质与经济效益。其中，前者引用了#11 聚类 61% 的文献。另外一篇为刘婷婷（Liu T T，2018）发表在《可持续性》（*Sustainability*）的文章，论证了农户不采纳 BMPs 的影响因素，并认为 BMP 是一个持续的过程，在制定政策时应考虑社会规范和不确定性，建议通过许可证制度和消费者标签等来推进 BMP。该文引用了本聚类56%的文献。从活跃文献看，农业面源污染从未割裂与基础知识的链接，BMP可以说是农业面源污染的传统研究主题，但当前仍然活跃，只是在研究视角上更为关注BMP的可行性和实效性。

（二）农业面源污染研究热点析出

前面以文献的共被引视角分析了农业面源污染的研究主题演进，并在此基础上通过分解高影响力论文探测学科的研究前沿。为进一步检验研究热点，本节将转换视角，利用Citespace的关键词分析构建文献关键词共现网络，根据关键词出现频率确定研究热点。结合前面活跃主题的时间分布，将时间框定在2012～2018年，时间切片为一年。为保证分析全面性，没有限制主题词来源（term source），主题词类型包括名词短语（noun phrases）及突现词（burst terms），节点类型包括主题词（term）及关键词（keyword），生成时区图谱（见图1－3）。

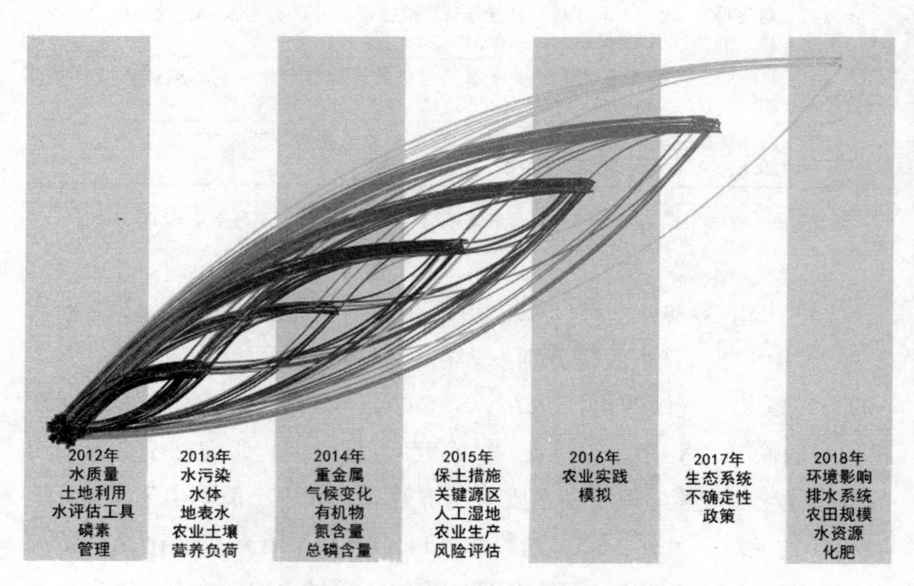

图1－3　2012～2018年农业面源污染研究关键词共线时区（timezone）图谱及年度高频关键词

资料来源：由Citespace软件绘制而成。

图1－3中共有251个节点（N），619条链接（E），网络密度（Density）达到0.0197，整体结果稳健。由此可以推断，2012年以来的研究主要集聚在以下几处。

一是水质量研究及污染源研究。从节点大小来看，关键节点主要集中在2012年，最大节点为“水质量”，事实上，学界对于水体质量的研究一直在持续，主要表现为此后几年相关关键词包括水污染、水体、地表水以及水资源等共现频次均较高，且连接线密集。同样，污染源研究作为经久话题在本时段也未受到冷落，总磷总氮含量、营养负荷、重金属、化肥等关键词频现。这是因为水体质量和污染源代表着农业面源污染现状，是各类相关研究的起点。

二是模型模拟研究和系统化研究。模型模拟研究几乎贯穿了农业面源污染研究的始终。查阅节点对应的相关文献可以发现，不同于过去对模型自身的探索，当前研究更多借助模型工具模拟农业面源污染以寻求最佳治理举措或评估其效率及效益。系统化研究是将农业面源污染放置于更广阔视角下予以解释，如风险评估、生态系统、环境影响、农业生产系统等，这与前面的分析是一致的。

三是环境治理政策研究。“政策”成为该时段突现值最高的关键字。这是因为农业面源污染研究经历了单方面追求理论方法或定量方法，已经转向定性与定量研究相结合，政策研究成为难以回避的主题。农业面源污染政策或治理措施是近几年的研究热点，涉及的关键词包括保土措施、人工湿地、关键源区、排水系统，同时更加关注政策可行性与实施效果，这也与前文的分析是一致的。总的来说，当前农业面源污染研究趋于多元化，在污染源研究以及模型研究的基础上，更注重系统研究及污染治理政策研究，这是当前的研究热点也将是以后主要的研究趋势。

农业面源污染的跨学科研究及知识的交叉融合使得新兴研究领域和主题不断涌现，这给相关研究工作带来挑战。前面借助动态网络分析的信息可视化工具CiteSpace，首先对农业面源污染知识领域进行了深度系统评价，描述了研究的发展阶段以及各主题间的动态演进；其次明确了各研究阶段及主题的高影响力文献，并标注了农业面源污染研究的主要里程碑，为农业面源污染研究提供可靠的历史查阅；最后分析了近年来相对活跃的研究主题，明确主题内活跃文献，探测研究前沿，并通过关键词共现分析寻找研究热点，探索可能的研究方向。

研究结果表明：（1）农业面源污染研究具有较强的波段特征。发端于1976年的农业面源污染研究，在20世纪90年代完成了以“农业面源污染及污染源识别”为特征的概念化阶段发展。受知识溢出的推动，于20世纪末进入以“污染原因、影响因素解析及迁移机理”为特征的细化及研究工具建设阶段，并于21世纪初推进到以“模型模拟研究”为主要特征的工具研究丰富阶段。当前为以治理为主题的研究扩张阶段，活跃主题多，研究热点频现。

（2）从时间线聚类图谱可见，各主题间边界清晰，形成时间各异且持续时间不一，主题间螺旋动态演进明显。在概念化发展阶段后期，有学者尝试提出将GIS与模拟建模相结合，这是对模型研究的探索，对后期研究工具的建设有重要影响；而在工具建设研究后期，学者对关键源区的探索又将农业面源污染研究从理论及定量研究阶段推进到定量和定性研究相结合的治理阶段；随着研究工具的丰富，越来越多的模拟模型被研究出来用于解释农业面源污染，并在此后用于农业面源污染治理举措的选择及评估。

（3）目前仍然活跃的研究主题包括水质管理政策、模型模拟技术的适用和拓展及BMP效益。聚类发展趋势表明，水质政策响应滞后时间量化、生态网络分析、最佳管理实践的有效性及成本效益等是当前的前沿研究领域。高突现度的关键字“系统”“政策”“水质量”等预示着当前农业面源污染研究趋于多元化，在污染源研究以及模型研究的基础上，更注重系统研究及污染治理政策研究。

三、本书切入点

如前所述，作为一种给人类生产生活带来较多困扰的污染形态，农业面源污染必然走上“管控与治理”的路径，这亦是本书的研究主旨。本书对治理路径的探索是从对农业面源污染的认知和影响因素开始的，此后，围绕如何规制的问题进一步展开，主要从以下三个方面切入研究。

（一）农业面源污染测算与评价研究

农业面源污染测算研究始于20世纪六七十年代的美国，美国研发了包括输出系数模型、机理模型等在内的一系列面源污染测算模型。进入21世纪，农业面源污染测算研究引起世界范围内的广泛关注，尤以日本、韩国和中国等亚洲国家近年来最为活跃。由于农业面源污染与水文气象、土壤结构、作物类型以及环境治理水平等因素密切相关，污染测算方法须适应研究区的实际情况，才能保证测算结果的严谨和客观。故亚洲学者除了做模型应用、验证和对比等一般性研究以外，通常还会基于研究区实际情况选择改进模型。如日本学者布朗格（Boulange，2016）等将日本水田农药浓度模型（pesticide concentration in paddy field，PCPF）引入SWAT模型，建立了新的稻田农药降解和迁移转化模型（PCPF-1@SWAT）。

农业面源污染研究起步早的国家，无论是理论探索还是模型构建的研究均较为充分，在研究中积累了能够客观呈现农业面源污染全貌的大量实证数据及各类数据库，这一方面为研究的深化提供了坚实的基础，另一方面为决策层出台污染治理政策提供了支撑。相比之下，中国的农业面源污染数据积累和分析总结工作则较为孱弱。研究者及团队之间缺少实质性的技术交流和数据共享，研究成果并没有得到有效整合，更没有构建广受认可的综合数据库。虽然农业部自2012年开始，已经在全国范围内建立了273个农田面源污染国控监测点，但覆盖面积广的常规性监测数据仍然缺乏，这导致即使是环境保护部发布的数据，其仍然是在2007年全国第一次农业面源污染普查数据的基础上推算而得的总体性统计数据，没有更详尽的区域划分，不能有效展示地区差异。

基于以上考虑及本书研究设计，本书尝试以2007年国务院组织的第一次全国污染源普查确定的农业污染源污染系数为基础，结合县域分异特征，构建能够反映中国农业面源污染全貌的县域测算体系，该体系将既可以对县域农业面源污染作横向比较，也可以作为纵向观察数据，或可避免农业面源污染数据测算的失真问题。

（二）农业面源污染的影响因素研究

农业经济增长与农业生态环境质量间关联与演化是当前农业环境管理研究领域中的重要话题。格罗斯曼和克鲁格（Grossman and Krueger，1993）提出了反映环境压力和经济增长间关系的环境库兹涅茨曲线（EKC）后，大量文献将其用于宏观经济发展与工业点源污染之间关系的理论解释与检验。近年来，不少学者也用环境库兹涅茨曲线来研究农业经济增长与农业面源污染关系（马纳吉，2006；李海鹏和张俊飚，2009；张锋等，2010；曹大宇和李谷成，2011；吴其勉和林卿，2013；刘志欣等，2015；于骥等，2016；揭昌亮等，2018），以上这些研究大多支持农业面源污染的EKC假说。

但环境库兹涅茨曲线自身无法合理阐释污染演变的内在机制，因而无法有效应对学者的质疑，如钟茂初（2005）认为EKC曲线是一个貌似真实的“虚幻”，经济发展与生态保护只能是基于各种利益关系的权衡，双赢目标是难以企及的。冯兰刚和赵国杰（2011）提出，不同的EKC曲线的形状要具体情况具体分析，不能一味崇拜“倒U”形。甚至还有研究发现，尽管对于大多数指标而言，环境库兹涅茨曲线假说是成立的，但不同的指标却计算出不同的转折点。与其他环境问题不同，导致农业面源污染的化肥、农药等生产物质同时也是农业增长过程中重要的投入要素，这种典型的双重身份使得用于EKC检验的普通回归分析结果可靠性受到质疑。

有学者利用因素分解法将农业面源污染的影响因素分解为不同的经济效应并对此进行研究。如梁流涛等（2013）将农业面源污染分解为规模效应、结构效应和减污效应。吴义根等（2017）借鉴埃里奇和霍尔德伦（Ehrlich and Holdren，1971）的IPAT模型构建了农业面源污染影响因素理论框架，基于中国30个省份2004～2013年农业面源污染面板数据，实证分析了人口规模、富裕度和技术对农业面源污染的影响，认为乡村人口密度是农业面源污染的重要影响因素。还有研究从农业自身禀赋视角，如农户经营的趋同性（冯孝杰等，2005）、农业产业集聚（徐承红和薛蕾，2019）、农业种植结构（曾琳琳等，2019）等分析其与农业面源污染的关联，以及从微观细分视角，如农技推广服务不足以及废弃物管理匮乏（孙博等，2012）、农户兼业（夏秋等，2018）、互联网发展水平（解春艳等，2017）分析影响因素。

以上这些丰富的研究资料为本书提供了参考与借鉴，但仍不能有效解释县域约束下农业面源污染的影响因素问题，本书拟以此为切入点，结合县域农业面源污染的空间及时序特征，综合分析县域农业面源污染的影响因素，并实证探索影响农业面源污染的关键情境变量，检验县域规制影响农业面源污染的传导机理，为农业面源污染规制机制的设计做铺垫。

（三）农业面源污染管控与治理

虽然早在20世纪五六十年代，农业集约化迅速发展的欧美国家开始出现农业面源污染现象，但对污染控制和治理的研究始于20世纪80年代末。前面文献综述部分已经证实，农业面源污染治理仍然是当前研究的重中之重。而对农业面源污染治理的研究，主要聚焦于两个方面：如何治理以及谁来治理。

究竟如何治理农业面源污染，学术界并没有达成共识，但总结起来主要包括两类。一是应用技术和工程措施。在污染源头控制方面，主要措施有研究和发展环境友好农业生产技术，鼓励农民自愿采用或通过政府奖惩措施推动农民采用；制定和执行限定性农业生产技术标准；推行农田最佳养分管理（best nutrient management practice，BNMP），通过农田轮作、施肥量、施肥时期、施肥方式的规定进行源头控制等。末端防治技术包括建设缓冲带、人工湿地等。人工湿地因其基建投资少、能耗低而被认为是控制农业面源污染的最佳技术手段之一。中国部分地区已经采纳了农业面源污染过程控制和末端控制的工程生物和管理技术，但收效甚微。

二是寻找合适的治理模式。国内学者朱万斌等（2007）曾提过“生态农业”的思路和方案来治理农业面源污染，即充分利用废弃物、综合效益提高、减施化肥和农药等实现农业面源污染减排。也有学者提出更为细化的政策措施，如孙博等（2012）从污染源角度认为中国农业非点源污染的缓解措施应包括纠正化肥价格的扭曲，改进有机肥料回收的激励措施，培育农民合理使用农用化学品的意识，改善有机废弃物处理以及农药使用等方面的法规和国家标准等。夏秋等（2018）则从更细微的农户兼业角度分析了其对农业面源污染的影响，建议嵌入社会化服务尤其是组织性社会化服务以弥补农业劳动力投入不足，在一定程度上缓解兼业挤出效应对农业面源污染的不利影响。

由于现行场域空间的多层性、差异性以及农业生态系统的复杂性，单一或统一的治理标准、技术和治理模式不具备普适性，这或许是现行农业面源污染治理效率尚未提升的重要原因。探索新的规制模式或路径来提升农业面源污染治理绩效，并最终构建起拥有一定弹性空间和具备一定弹性势能且适应场域空间生态系统变化的新的农业面源污染规制机制成为当前研究的迫切需要，基于此，本书尝试性提出“县域动态权变规制”概念，即在农业面源污染治理的实践过程中，凸显县域规制情境的重要性，并通过情境与规制手段的权变匹配，持续地适应农业生态系统的复杂变化，推动农业面源污染治理绩效改善。

总之，基于上述文献述评及研究切入点，本书意在把县域农业面源污染作为全篇的核心研究对象，按照“污染认知—机理探究—规制路径寻求”的逻辑框架展开论述。首先，在县域层面对农业面源污染问题进行综合性评价，了解全局视野下县域层面的分异特征；其次，从“宏观—微观”两个层面探究农业面源污染影响因素，宏观上在空间、时序及经济环境上探究农业面源污染影响因素，微观上基于理论建构探究农户农业生产“高投入高产出高污染”行为的产生机理；最后，确定农业面源污染规制原则，基于农业面源污染规制工具的效度和国际应用，结合前文机理分析内容和县域实践，构建县域农业面源污染权变动态规制机制，为公共部门农业面源污染治理实践提供参考。

第三节 研究内容与研究技术路线

本书的总体目标是在全面加强农业生态治理、建设美丽乡村的大背景下，对县域层面农业面源污染现状进行描述分析和综合评价，并从环境联邦主义理论出发对农业面源污染治理进行理论层面的挖掘补充，进一步提出适合中国县域实际的农业面源污染动态权变规制机制。为完成既定研究目标，本书的具体内容如下。

导论作为研究的起点，首先，介绍选题背景和研究价值及意义；其次，回顾国内外已有文献，寻找研究切入点，并基于此提出拟实现的研究目标及欲解决的主要问题；最后，介绍所采用的研究方法，梳理研究思路与技术路线，介绍文章的创新点及不足之处等。

主要概念界定、理论基础述评与启示。首先，对研究涉及的主要概念如县域、农业面源污染、规制、农业面源污染规制等进行界定，明晰范畴；接着梳理文章的理论基础，包括环境联邦主义理论、跨界治理理论、溢出效应与外部性理论、规制及政策工具理论并阐述理论启示。

农业面源污染污染源的态势分析、机理分析及规制变迁。首先，针对农业面源污染展开化肥农药地膜等污染源态势分析；其次，从农业发展、农地产权、农户角度开展农业面源污染的发生机理；最后，就1978年以来的农业面源污染治理政策变迁进行阶段化梳理，概括其总体特征，寻找县域规制逻辑。

宏观视域下县域农业面源污染的空间及社会经济影响因素分析。首先，介绍农业面源污染测算研究及常用测算研究方法，分析农业面源污染测算结果的不确定性问题，建立农业面源污染测算系数体系，对县域农业面源污染进行测算；其次，通过空间边界效应实证检验农业面源污染的空间特征；最后，构建县域农业面源污染经济社会影响因素模型，估计县域农业面源污染与农业机械化、人口密度、土地生产能力、人均国民生产总值等影响因素的梯度效应。

从微观视角对农户农业生产农业面源污染行为选择触发模型的研究。依据GT质化研究方法探究农户农业生产行为选择的内外部影响因素，了解农户“高生态意愿低生态行为”选择的关键触发因素，为下面农业面源污染县域治理规制路径的优化设计提供支撑。

农业面源污染规制工具的适用性研究。分析常用的农业面源污染规制工具，包括利用市场、创建市场、环境规制及公众参与等工具的适用条件和应用情况，为下文的农业面源污染县域规制路径优化做铺垫。

县域农业面源污染动态权变规制路径的优化。对农业面源污染规制而言，规制路径的选择既要考虑政治法律框架下污染控制经济效率的目标，还应基于场地的特异性，即县域农业面源污染的分异性。基于前面研究，将县域农业面源污染规制的关键情境因素分为农业机械化、人口密度、土地生产能力、生产者经营收益四个变量，将各变量任意组合成十六种环境情境，结合前面对各种农业面源污染规制工具适用条件及在国际上应用情况的分析，绘制权变曲线，设计农业面源污染县域权变规制路径，最后为规制的运行设计保障路径。

最后，在逻辑衔接上进一步总结前面各章的研究结论，并对研究内容与研究方法等方面有待完善的地方加以说明，提出了后续研究的可能研究方向。

研究技术路线是研究工作顺利进行并实现研究目标的重要保障。明晰的研究技术路线或步骤（过程）能帮助研究者在划定的研究范围内发现研究对象存在的问题、发生的改变以及确定哪些是至关重要的节点。基于研究切入点及研究目标，本书的研究技术路线将沿着“提出问题—分析问题—解决问题”的逻辑展开，具体如图1-4所示。

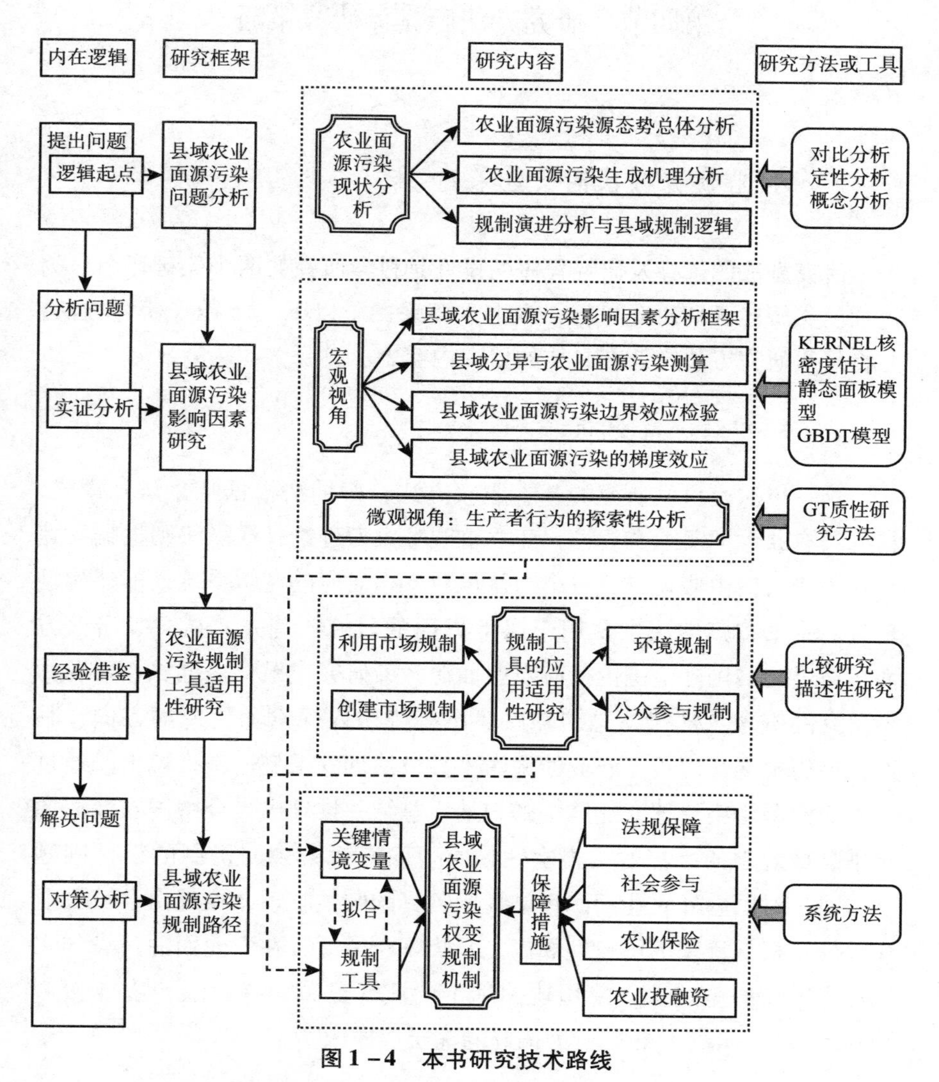

图 1-4 本书研究技术路线

资料来源：作者根据相关内容自行绘制。

第四节　研究方法与具体研究策略

一、核心研究方法的交互采纳

研究方法的选择及研究程序的设计是科学研究的两个关键环节。为达到前文所述预期研究目标，本书主要采用了以下三组镜像研究方法，并将每组研究方法交杂在具体的研究内容中。

（一）归纳演绎分析法

这一方法是科学研究的基本逻辑方法，归纳法根据唯象认知模式，提炼具有共性的概念和规律，建立直观唯象型理论；演绎法则根据构建认知模式，借由假说形成一个与认识对象相对应的逻辑系统，即建构型理论。本书将归纳法主要用于以下方面的研究：首先，在文献研读方面，通过归纳国际范围内已有农业面源污染研究成果，提炼农业面源污染研究的概念及规律，总结并评述出有待切入探索和研究的方向；其次，在历史变迁视角下农业面源污染县域治理的嬗变逻辑提炼上，通过对农业面源污染治理变迁脉络的归纳，总结并推理出当今中国农业面源污染县域规制的必然性；再次，在农业面源污染规制机制的设计问题上，通过对国内外农业面源污染规制工具的归纳整理，梳理出县域农业面源污染权变治理的可行性规制工具矩阵；最后，在农业面源污染与农户行为选择的论述上，采用建构理论的演绎逻辑，寻找农户农业生产“高投入高产出高污染”行为偏好的深层次原因。

（二）规范与实证分析相结合的方法

缺少理论支撑的实证研究是盲目的，没有实证分析的理论探究是空洞的，在研究工作中理论推理与实证分析相辅相成、缺一不可。本书对每一个研究问题的阐述都遵循理论和实证相结合的原则，以保证研究严谨性及科学规范性。首先，在剖析农业面源污染的县域规制逻辑时，本书在分别论证跨域合作治理与县域规制基础上，从污染外溢理论角度，实证阐释了农业面源污染县域规制的迫切性。其次，在探究县域农业面源污染影响因素方面，本书先从经典环境效应分析理论出发，构建了县域农业面源污染影响因素模型，对2000～2018年561个县级区划单位的面板数据进行了实证分析；最后，结合环境效应理论，构建县域农业面源污染影响因素基本模型，借助R语言梯度提升决策树模型（GB-DT）建模寻找影响县域农业面源污染的关键影响因素，利用梯度相关图探索各影响因素的梯度效应。

（三）量化研究与质性研究相结合

在实践层面上，量化研究以精确客观著称，这是质性研究无法比拟的，但质性研究的情境性和文化契合性又是量化研究所缺乏的，换句话说，量化研究的劣势恰恰是质化研究的优势，反之亦然。超越量化研究和质化研究的对立将二者结合起来或能解决单一模式下可能面临的问题。本书既有量化研究的环节又有质性研究的安排，坚持了方法多元论的立场。如利用空间计量方法检验县域农业面源污染的空间相关关系，借助静态面板数据随机效应模型及混合回归模型检验农业面源污染是否具有边界效应，检验县域农业面源污染空间影响特征；在农户农业生产面源污染行为触发模型的研究上，则采取基于开放式问卷调查的扎根理论（ground theory）的质性研究方法构建农户农业生产行为选择的触发模型。

二、研究工具及策略

第一，在文献综述部分，为了更好地纵览农业面源污染研究全貌，研究采用文献分析计量软件CiteSpace对农业面源污染国内外研究文献进行科学计量，可视化描述农业面源污染研究进程，探测当前研究热点，推测研究趋势，印证本书的价值性，寻找本书切入点。

第二，利用空间计量方法，借助 ArcGis 空间分析软件计算局部和全局莫兰指数（Moran's Ⅰ），检验县域农业面源污染的空间自相关关系，借助 KERNEL 密度分析以及 OLS 回归检验农业面源污染是否具有边界效应，检验县域农业面源污染空间影响特征及影响因素。

第三，利用 R 软件的梯度提升决策树模型（GBDT）分析农业面源污染关键影响因素，计算各影响因素的贡献度并测算各影响因素与县域农业面源污染的非线性梯度效应。

第四，在针对农户农业生产“高投入高产出高污染”行为的研究中，采取基于开放式问卷调查的扎根理论的质性研究方法构建农户农业生产行为选择的触发模型。

三、计量数据和文本数据的获取与处理

本书所使用的统计数据主要来自《中国县域统计年鉴》《中国统计年鉴》《中国农村统计年鉴》《中国农业年鉴》《中国环境状况公报》《第一次全国污染源普查公报》《全国农村固定观察点调查数据汇编：2000－2009》等，收集并汇总了2000～2018 年中国县级区划单位统计年鉴、国民经济和社会发展统计公报以及农业统计数据等，另有部分数据通过函询获得。数据库相关资源主要包括中国经济社会大数据研究平台（http：//data. cnki. net/）、国泰安 CSMAR 经济金融研究数据库（http：//www. gtarsc. com）、中经网统计数据库（http：//tjk. cei. cn/）等事实性数据库。

在本书中，农户农业生产“高投入高产出高污染”行为的深层次动机探索部分采用访谈文本数据。该文本数据的获取时间分别为 2017 年 7～8 月和 2020 年 7～8 月，调查成员由在校本科生和研究生共 15 人组成，获取地点为山东省济宁市曲阜市（县级市）某村和山东省济宁市兖州区某村，访谈对象限定为关注农业生产环境问题、对农业面源污染问题有简单认知、正在务农且曾具有外出务工经验、眼界开阔的中青

年农户，共50位被访谈人①，详细访谈处所为农户家中或农户所在村村委会。数据获取方式为一对一深度访谈（depth interview）和焦点小组座谈（focus group interview）相结合，在实际的调查过程中，共进行了20人次一对一深度访谈，5次小组座谈，每次6人，两种访谈合计共50人次。深度访谈时间平均为1.5小时，小组座谈时间平均为2小时。访谈内容主要包含农户对农业面源污染的认知与意识，农业生态情感，测土配方施肥等农业生产技术采纳意愿，农户对过量施肥的危害认知与规避意愿等。访谈结束后整理得到访谈文本数据，用来进行编码分析和模型建构。

第五节　创新点与不足之处

一、研究创新点

第一，不同于以往对农业面源污染的研究集中于省域、某河流或湖泊等，本书将分析焦点置于县域层面，以县域为尺度展开农业面源污染的理论和实证研究，视角更细微和新颖，是对环境联邦主义理论的细微补充。本书以2007年和2017年两次全国污染源普查确定的农业污染源污染系数为基础，综合考虑县域地形地貌、种植区划及主要种植作物等因素确定了县域农业面源污染系数，该系数兼具权威性和科学性，测算所得数据既可以横向比较县域农业面源污染分异状况，又可纵向探究县域农业面源污染的演进趋势，是农业面源污染测算研究领域的一次创新

① 此处访谈所获取的文本资料用于扎根理论（GT）探索性研究，GT研究是一种质性研究方法，与量化研究需要大样本调查不同，GT研究采用深度访谈方法获取文本数据后建构理论，当文本数据所反映的内容不能再提供新的信息时，即为理论饱和，本书在分析完18份访谈资料后，在第19份、20份访谈资料中没有析出新的观念和范畴，利用剩余5份小组座谈资料做了饱和度检验，结果证明50人的访谈量支撑了GT的研究工作。

尝试。在测算基础上建立面板数据模型，模型估计结果表明农业面源污染具有分异化和边界效应等县域特征，这为县域面源污染规制研究提供了数据支持。

第二，本书利用梯度提升决策树模型，检验并测算了农业机械化、人口密度以及土地生产能力三个关键影响因素的梯度区间，同时提供了该区间的具体数值，这一研究可以为农业面源污染县域规制决策提供明晰的决策提示和参考。

第三，本书在多维分析并测度县域农业面源污染影响因素后确定关键情境变量，将情境变量与规制工具相拟合，设计了与不同情境匹配的县域农业面源权变规制体系，并研究了该运行所需的保障路径。本书设计的县域农业面源污染规制体系强调效果，强调县域农业面源污染的有效规制需要采取什么样的规制工具，这无疑为农业面源污染的治理提供了新方向；这一体系的重要之处在于将规制手段和县域情境联系起来，表明并不存在一种绝对的最好的规制工具，农业面源污染规制必须具有适应性，能够适应县域情境变化，这在一定程度上创新了农业面源污染的治理思路。

二、存在的不足之处

第一，由于统一、权威界定的缺乏，现有研究多基于各自对农业面源污染的界定展开，实为缺憾。在本书的实证研究中，为了保证研究的稳健性，避免这一问题的干扰，采用了研究细化策略，对农业面源污染仅从种植方面区分。虽然本书认为规模化养殖业所产生的污染由于养殖场拥有专门的污染处置设备而不可归纳为面源污染，但同时也承认散养养殖业产生的污染应归于农业面源污染，由于技术及获取数据的困难，没有将其考虑在内。同样受跨域研究技术的限制，本书仅考虑了社会经济背景下农业面源污染的治理，没有考虑自然因素的影响。

第二，农业面源污染规制机制的设计是一项有着严肃目的的理论与实践相结合的科研工作。在设计农业面源污染县域动态权变规制机制之前，先后开展了宏观和微观角度的理论及实证的双向多维检验，但由于中国目前农业面源污染规制亟需完善，动态权变规制机制设计中环境情境与规制手段的匹配是基于他国农业面源污染规制实践的经验分析，实证计量检验暂无法实现，这将留待以后继续完善。

第二章

主要概念界定与理论基础

恰当的理论视角与科学的分析工具既是研究纷繁复杂的现实问题的思维导向和切入点，也是规避漫无目的的泛泛而叙的保证，亦可以提升理论深度。本章将首先界定县域农业面源污染的主要概念，其次梳理本书所采用的基础理论。

第一节　主要概念界定

概念界定是科学研究开展的逻辑起点。准确的概念界定可以有效避免读者对本书核心概念的理解偏差，也是学术研究探讨的立足点。本书涉及的贯穿全篇的核心概念主要包括县域治理、农业面源污染、规制、规制机制与农业面源污染规制机制，另有涉及的其他概念将在相应章节中进行论述。

一、县域与县域治理

“县域”是一个多维网状化概念，这一概念既是对空间场景的限定，又意喻时间上的延展性和政治运作影响因素的穿透性。“天下之治始于县”，自秦汉以来，县一直是定国安邦的政治基础。“县集而郡，郡集而天下，郡县治，天下无不治”，这是司马迁在《史记》中对秦朝推行的“郡县制”的评价，体现了县级机构的重要性。无论从政治完整性还是经济完整性来看，县政都是实质上的完整的基层政权。

习近平总书记在20世纪90年代初曾把国家比作“网”，把中国3000余县域比作这张“网”上的纽结，指出“纽结”稍有松动，则政局紧张动荡；“纽结”坚固牢靠，则政局长久稳定。换句话说，国家的政令、法令无不通过县域得到具体贯彻落实，县一级工作好坏关系国家的兴衰安危。习近平总书记2014年在调研河南兰考县教育实践活动时，进一步强调县域层面的国家治理是推进国家治理体系和治理能力现代化的重要一环，指出县域治理既“接天线”又“接地气”的特点。2015年习近平总书记在会见102位全国优秀县委书记时再次强调，县域一级在国家组织结构和政权结构中处在承上启下的关键环节，是发展经济、保障民生、维护稳定的重要基础。由此可见，作为集各种完备功能于一身的基层政权组织和治理单元，县域在国家治理中居于重要地位。

二、农业面源污染

面源污染（diffused pollution）是依据点源污染（point source pollution，PSP）而提出的一种污染类型，因此也被称为非点源污染（non-point source pollution，NPSP）。1977年美国《清洁水法》修订案（*the clean water act*，CWA）最早对面源污染的概念进行界定，认为面源污染是来自除了已定义点源污染以外的污染，是雨水或融雪在流动过程中将自然或人为产生的污染物渗透到地下，最终沉积在湖泊、河流、湿地、沿海水域和地下水而引起的水体富营养化或其他形式的污染。这一概念被社会各界广泛接受。然而，这并不能拿来解释农业面源污染。事实上，关于农业面源污染的内涵界定，学术界尚未有一致的观点。分歧主要呈现在两个方面，一是农业面源污染的源分析，即哪些污染应归入农业面源污染；二是污染对象，即农业面源污染给哪些领域带来危害。

（一）农业面源污染的源识别

从污染区域划分，面源污染包括城市面源污染和农村面源污染。因城市排污设施健全、治污举措规范，面源污染排污量少且影响程度轻，所以面源污染主要指分布于农村地区的面源污染，即农村面源污染。农村面源污染是一个区域环境问题，包含两部分，一部分是农村生活废水与垃圾造成的污染（生活活动产生的污染），另一部分是农业生产活动造成的污染。有学者将农村面源污染等同于农业面源污染，如赖斯芸等（2004）认为农业非点源污染是人类进行农业生产和农村生活等活动时产生的污染物在降水或灌溉过程中通过地表径流、农田排水和地下渗漏等途径汇入水体引起的污染，她将农村生活污染与农田化肥、畜禽养殖、农田固体废弃物一起作为农业面源污染源。该观点受到部分学者的支持，如陆尤尤等（2012）将各项农事及人居活动均并入农业面源污染，将其主要来源分为种植业、养殖业和农村生活三方面。冯淑怡等（2014）虽然认为农村环境污染主要来自三个方面，即农村工业污染、农业面源污染及农村生活污染，但在对农业面源污染进行识别核算时仍然将农村生活污染与种植业农田径流、禽畜养殖、农田固体废弃物污染一起核算。发达国家一般将农村生活污染归入点源污染，这是因为城镇化水平高，农村人口比重很小，基础设施完备，公共服务供给质量高，污水处理设施和管网使得生活污染排放总体集中可控，符合点源污染的基本特征。但中国情况相对复杂，在很多地区，村庄生活污水大多为分散式直接排放，从这一点来说，中国农村生活污染应当归入非点源污染范畴。但农村和农业是两个完全不同的概念，农村为区域概念，农业为产业概念，农业面源污染应当是基于农业生产活动而发生的，农村生活污染并非由农业生产造成的，本书认为不应将其归入农业面源污染的范畴。

部分研究者在研究工作中将禽畜养殖计入农业面源污染（陆尤尤等，2012；赖斯芸等，2004；冯淑怡等，2014；等等），亦有部分学者将水产养殖污染计入农业面源污染，如李谷成（2014）认为农业源污染是指农业生产过程中总化学需氧量（COD）、总氮（TN）和总磷（TP）的产生量及其通过地表径流、农田排水和地下淋溶等途径汇入水体所产生的排放量（不估算农药和农膜污染），包括化肥流失、畜禽养殖污染、农业有机固体废弃物（农作物秸秆）和水产养殖污染四种类型。诚然，将禽畜和水产养殖计入农业面源污染从产业角度来看无可厚非，因为大农业包括农、林、牧、副、渔，禽畜养殖和水产养殖是农业的重要组成部分。但从污染本身来说，似有不妥。以禽畜养殖为例，中国的畜禽养殖业包括集约和散养两种模式。2001 年《畜禽养殖污染防治管理办法》提出畜禽养殖场污染防治设施必须与主体工程同时设计施工及使用，也就是说，集约化养殖场的排污量是可控的，这一部分应当属于点源污染，散养模式产生的排放量才属于面源污染。但随着中国养殖业的规模化发展，散养的养殖方式所占比例越来越小，如果将禽畜养殖污染全部归入农业面源污染，在研究过程中将会导致农业面源污染排放量被严重估高。实际上，2011 年制定的《国民经济和社会发展第十二个五年规划纲要》第七章“改善农村生产生活条件”中明确提出将治理农药、化肥和农膜等面源污染，全面推进畜禽养殖污染防治作为推进农村环境综合整治的任务之一，这里的表述将禽畜养殖污染排除在面源污染之外。基于以上分析，本书所指的农业面源污染将不包括水产和禽畜养殖污染。

（二）农业面源污染的立体危害

受美国《清洁水法》修正案对面源污染界定的影响，早期国内大部分学者都将农业面源污染的研究重点放在污染物对水环境的影响上。农业面源污染最为直接、最为显著的危害对象是水体。其对水体环境的污染主要为两方面：一是农业面源携带的以氮、磷等为代表的营养型污染物污染水体环境，特别是磷，其污染危害较大。农业生产过程中过量的化肥投入导致外源性营养物大量输入水体，造成水体富营养化，富营养化的水体中存在着能使人类及禽畜中毒受害的亚硝酸盐和硝酸盐物质，给生态带来危害。二是以农药、重金属等毒害型污染物为主污染水体环境，表现在水体生物的急性中毒以及水体食物链中有毒物的富集等。农业面源污染带来的水质生态系统的修复至今仍然是一个世界性难题，恢复水质平衡需要相当长的时间。

事实上，农业面源污染造成的生态冲击效应是全方位的，近年来，众多学者逐渐意识到农业面源污染的影响不局限于水体富营养化等问题，还包括土壤板结等土壤污染及大气污染等方面。可以说，农业面源污染已经表现为空气、水、土壤的立体式污染（见图2－1）。章力建和朱立志（2005）最早提出农业污染已经成为包括点源和面源污染在内的水体－土壤－大气各层面直接、复合交叉和循环式的立体污染的观念，但他们并没有区分农业面源污染和农业点源污染。吴岩等（2011）则从概念界定上明确农业面源污染的立体化特征，同样没有局限于水体污染，认为广义上农业面源污染是指在农业生产和生活过程中产生的，过量或者未经过有效处理的污染物（化学肥料、农药、重金属和畜禽粪便等）从非特定的地点以不同形式对土壤、水体、大气及农产品造成的污染。

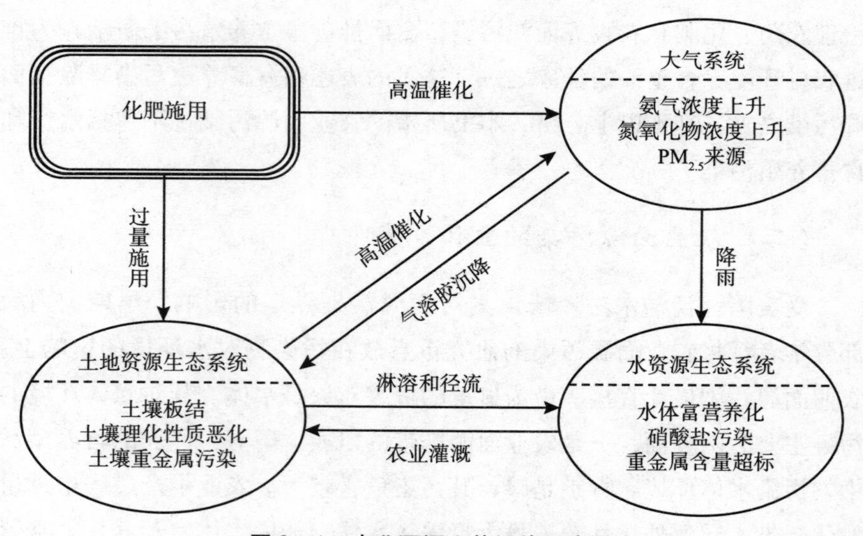

图2－1　农业面源立体污染示意图

资料来源：作者根据相关内容自行整理绘制。

农业对土壤的污染主要表现在农业化学品带来的重金属污染、过量施用化学品造成的硝酸盐积累。2014 年环境保护部及国土资源部联合发布的《全国土壤污染状况调查公报》显示，全国土壤调查点位中约 19.4% 以上的耕地受到污染，也就是说，全部采样耕地中，受污染耕地约占 1/5，公报同时表明，农业生产活动是造成土壤污染或超标的主要原因之一。中国农户施肥习惯以氮肥、钾肥及复合肥为主，此类化肥重金属含量并不高，但过量施用的累积效应不容小觑，众多研究也表明长期大量施用化肥显著增加农作物对重金属的富集，会破坏土壤的农业生态服务功能。如辛术贞等（2011）统计了文献数据中公开发布的中国各地污灌污水中的重金属含量，发现中国 65% 的污灌区农田受到重金属污染，且近 30 年来污灌区重金属含量有升高的趋势。王美和李书田（2014）研究了中国近 20 年耕地在施用不同肥料后土壤内重金属含量的变化，结果显示氮磷钾配施与不施肥相比，土壤镉（Cd）和铅（Pb）含量增加；施用有机肥比不施肥相比，土壤铜（Cu）、锌（Zn）、铅（Pb）、镉（Cd）含量更高。氮素化肥等农业化学品过量施用不仅加速了土壤有机质的矿化与损失，恶化了土壤的物理性状，造成了土壤板结退化酸化，更重要的是，弱化了土壤自身的碳汇功能。而土壤碳库是陆地生态系统中最大最活跃的碳库之一，是温室气体的重要释放源和吸收汇。卡普基耶（Kapkiyai，1999）等的长期试验表明，土壤有机碳含量随耕作年限的延长而降低，相对于施用有机肥以及采用秸秆还田策略，单施化肥造成的土壤有机碳损失最多。

农业对大气的污染主要表现在农业生产过程排放的甲烷和氮氧化物构成农业源温室气体。据章力建和朱立志（2007）估算，2000 年农业源排放甲烷对中国甲烷排放总量的贡献率为 80%，排放氧化亚氮对中国氧化亚氮排放总量的贡献率更是高达 90% 以上。据中英可持续农业创新协作网（China-UK sustainable agriculture innovation network，SAIN）“改善农业营养管理——低碳经济的关键贡献”项目研究估计，合成氮肥的生产和使用约占中国温室气体排放总量的 9% ~15%，并认为由于中国氮肥的高应用率和低使用效率以及排放系数过高，中国可能要对全球农业一氧化二氮（N_2O）排放量的50%以上负责，因而中国减少25%的氮肥生产和过度使用将会为缓解全球气候变化作出重要贡献。

此外，农业化学品的过量施用在造成综合立体污染的同时还带来食品安全问题，被污染的土壤、水体中的重金属和硝酸盐及残留在动植物体内的重金属和农药都可以通过食物链在人体富集，进而影响人体健康。

经过前文的分析，农业面源污染是指在农业生产活动过程中因化肥、农药等农业化学品过量投入、地膜等农作物废弃及其他农业垃圾未经合理处置而产生的污染物对水体、土壤和空气及农产品造成的立体污染。为了保证研究的针对性，本书所指的农业面源污染是指狭义农业，即种植业所产生的面源污染，主要包括化肥污染、农药污染、地膜污染等。其主要具有以下特征。

（1）不确定性。一是来源复杂不确定，这一特征为农业面源污染的识别核算带来挑战。为了核算农业面源污染，赖斯芸等（2004）基于单元分析的思想提出了单元调查法，陈敏鹏等（2006）在此基础上进一步提出了清单分析法，"单元"概念的提出从侧面反映了农业面源污染来源的复杂和难于识别；二是污染主体不确定，污染者数目众多，大量污染个体的存在，无论是管理者获得污染者个体的信息还是污染者之间获取信息，都存在一定的困难；三是指在不确定的时间内，通过不确定的迁移途径排放不确定数量的污染物质产生不确定的随机影响，如在农田富余氮、磷养分的流失迁移过程中，土壤的物理特性等地理条件的不同影响着养分的利用率和对水体富营养化、土壤板结及空气产生不同的效应。再如，农药、化肥等化学制品对生态的污染情况受温度、湿度、地势等条件的影响。

（2）空间差异性。同样的行为和污染源在不同位置会有不同的环境影响，空间差异显著。这一特质已经在各个层面得到广泛的研究支撑，如熊昭昭等（2018）以江西省为研究区域，在市域层面证明了农业面源污染负荷呈现西部高、东部低的特点，污染强度和污染风险呈现中部高、四周低的规律。吴义根等（2017）选取了中国省域面板数据，认为中国农业面源污染区域差异较大，极化现象比较严重，污染严重的区域集中在农业大省和经济发达地区，以中部地区、华北地区为核心区域。丘雯文等（2018）以2003～2014年为研究时段，从国家疆域层面分析中国农业面源污染表现出明显的空间差异，东部和中部地区的排放强度较高，而西部和东北地区则相对较低。

三、规制与农业面源污染规制机制

规制源于英语中的“regulation”一词。从国内文献来看，学界也将其翻译为“管制”或“规管”，这并不影响对概念的理解。无所安置的众多“手”的存在是规制出现的初始原因。一般认为，经济学的基本精神在于强调市场这只“无形之手”（invisible hand）在经济运行中均衡资源配置的作用，忽略了市场在限制垄断、公共物品提供、信息的非对称性、生产的外部性等方面存在的“市场失灵”。人们转而寄希望于政府这只“援助之手”（helping hand）来应对市场失灵问题，然而政府及其官僚行为中出现的寻租、政策效率低下、经济问题政治化等现象，正如施莱弗（Shleifer，2004）所说，这些现象使得“援助之手”变成了“掠夺之手”（grabbing hand）。市场、政府双失灵的存在使得人们期待“规制”来协调社会、政治、经济事务，规制范式由此兴起。

对于规制的含义界定，中国学者多在引进西方学者基本观点的基础上提出了自己的独到见解。余晖（1997）从法律角度理解规制，认为规制是政府行政机构为治理市场失灵，以法律、规章、命令及裁决为手段对微观经济主体的行为进行的控制和干预。有学者强调，规制是政府依法对私人经济活动进行的直接的、行政性的规定和限制（王俊豪，2001；于立和肖兴志，2002）。谢地（2003）比较详细地界定了规制的范围，认为规制是对特定产业和微观经济活动主体的进入退出、价格、投资及环境、安全等行为进行的监督与管理。曾国安（2004）则认为管制是基于公共利益或其他目的而对被管制者的活动采取的限制。从学者们的以上观点来看，规制的界定主要围绕规制主体、客体、目的、依据及手段。本书认为，作为存在于极端的政府所有制和自由放任市场之间的一种制度安排，规制是指政府为矫正市场失灵、实现经济社会与环境的可持续发展、增进社会公共福祉，依据相关法律与政策而对被规制者的行为采取的一系列包括命令、法规等在内的管理或制约活动。

规制机制是政府机构以一定的运作方式把各类规制工具或措施协调起来，使其更好地发挥作用的具体运行方式。农业面源污染规制机制目的是控制农业面源污染，保护农业生态环境。它包含两方面的含义：首先，农业面源污染规制机制是以农户为对象、以农业生态环境保护为目的、有形制度和无形意识并存的一种影响性力量；其次，这一力量是政府机构所给予的，具有高度干预性和法律约束力。总体来说，农业面源污染规制机制是指以维护农业生态平衡、追求农业可持续发展为目的，政府机构通过运用相应规制工具而制定实施的各项政策与措施的总和，以及为贯彻执行这些政策与措施而作出的安排。

第二节　环境联邦主义理论

作为经济学意义上的消费品，“环境资源”具有非竞争性和非排他性，且与社会各方主体利益相关，因而被认为是一种典型的公共物品，尤其是当经济发展到工业化时代的中后期，环境质量与安全广受重视。环境的公共属性决定了市场机制无法自发地达到产权不明晰条件下的环境安全，政府因而被赋予维护环境公共利益、行使环境职责的法定权力和义务，并承担起环境保护主体角色。政府在环境及资源保护中的重要作用已经得到学界及实践界的广泛认同，可以说，环境保护是政府的一项基本职能。然而，世界上多数国家将政府划分为若干层级，如美国实行联邦、州及地方三级政府体制，中国则实行中央、省、市、县、镇（乡）五级政府体制。环境保护职能与权限如何在各层级政府间划分以及各自在环境治理中应扮演何种角色，成为环境治理研究的重要议题。环境联邦主义（environmental federalism）理论正是基于此议题而产生。

环境联邦主义理论兴起于20世纪70年代。米利米特（Millimet，2013）认为环境联邦主义理论旨在寻求政府层级之间环境管理权力的最优配置，由此引发了环境保护的集分权之争，即应由中央政府设立统一的环境标准统一管理环境事务、地方政府只负责贯彻执行，还是应由地方政府设置自己的地方性环境标准自主管理环境事务、中央政府只负责管理全国性的环境事务。环境联邦主义理论从诞生至今不过30余年的时间，学者们在此领域有不少建树，但于一些基本理论问题上仍然争议颇多，且迄今尚未有明确结论。

一、逐底竞争还是逐顶竞争?

支持环境治理集权化的学者提出了众多的理由，其中一条最有影响力的理由是，如果将环境保护权力下放到地方政府，将会造成这样一种情境，即某一地方政府单方面采纳将会阻碍经济发展的高环境标准，该地方企业生产成本会增加，资本的逐利本质会驱使企业转向其他低环境标准的地区，那么对该地方政府来说，环境保护带来的收益会被资本流失所带来的损失所抵销甚至超越。为了避免这一情况的出现，政府在环境规制方面偏好逐底竞争（race to the bottom），为了吸引和留住产业，将环境标准制定得过于宽松，造成环境进一步恶化。也有学者对此抱有相反的看法，里夫斯（Revesz，1992）认为逐底竞争的论点在现有的地方政府间竞争模型中没有得到支持，环境集权情况下，面对严格的联邦环境标准，关注吸引和留住产业的基层政府可能放弃在环境标准方面的竞争，通过将其他领域的监管控制放宽而获取同等收益。也有学者认为竞争是能增进效率的（efficiency-enhancing），竞争通过纪律约束促使地方决策者做出有效率的决策，不仅不会导致逐底竞争，还有可能导致逐顶竞争（race to the top）。如韦利施（Wellisch，1995）设计了区域竞争导致环境过度保护的理论模型，该模型建立在各地区均是高度开放的经济体的假设之上，结果发现在环境分权的情况下，采用直接管制导可能致逐顶竞争，通过制定严格的环境标准对环境过度保护。

二、全国性规模经济效益与地方福利损失

支持环境保护集权的学者认为，中央政府对环境事务进行统一管理可以获取全国性的规模经济效益。理由在于中央政府会考虑环境污染对所有地区居民造成的损害，通过规制或税收等工具对跨界污染活动进行限制，对因污染治理获益与损失差距过大的地方进行适当的补助，实现规模效益。而地方政府只考虑环境污染对自己辖区内居民产生的损害。

然而，持分权理念的学者认为，中央政府对所有区域环境质量执行统一的集中规制，忽略不同地区间差异，这种一刀切的“划一”做法在环境保护上无法达到最优，最终将带来福利损失。事实上，环境造成的损害在不同区域有不一样的呈现，各区域居民的偏好各异，各区域政府采纳的降低环境污染排放量的技术和付出的成本也不尽相同，也就是说，环境问题具有地方性成分，分权化的环境政策制定有潜在的福利增进。如果忽略地方差异的存在而由中央政府制定统一性的全国政策，则会造成福利损失急剧上升，这种损失甚至会抵销中央政府从全国角度上制定政策所获得的收益。

三、环境治理的“集分权悖论”

集权与放权的交替往复是当代中国政治运行过程中稳定存在且重复出现的一种治理现象，这种交替表现为权力“一放就乱、一抓就死”，学者们将之称为“集分权悖论”（见图2-2）。周雪光和练宏（2011）描述这一悖论为权威体制与有效治理之间的矛盾，集中表现在中央管辖权与地方治理权的不兼容。如果权力趋于集中、资源趋于向上，从而削弱了地方政府的权力，那么地方政府解决实际问题的能力以及威权体制有效治理能力都将受到削弱；如果权力趋于下放，又极易导致各行其是、偏离中央核心的失控局面，给权威体制带来威胁。

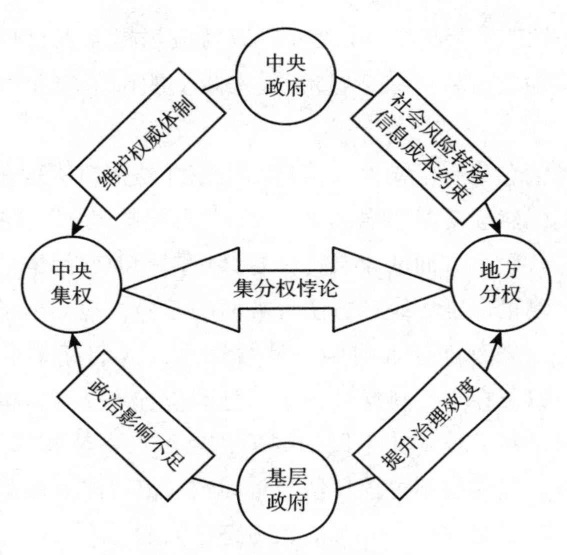

图 2－2　治理集分权悖论逻辑模型

资料来源：作者根据相关内容自行整理绘制。

社会风险理论认为，提供公共产品是政府对民众的一项主要责任。然而公共产品的供给也隐含一定的社会风险。具体来说，公共产品供给中可能出现的管理纰漏或其他责任问题会导致民众利益受损，进而引发民众对政府的不满和抗议，最终或将影响政府领导人的政治前途，甚至可能爆发骚乱引致大规模叛乱，威胁政治稳定。曹正汉和周杰（2013）将这种因政府治理而产生的政治风险称为“社会风险”。中央政府为了降低这类“社会风险”，通常选择将那些容易引发民众强烈不满的公共事务尽可能交给地方政府去完成，由地方政府承担相应的社会风险，从而尽可能降低中央政府自身承担的风险。农村土壤及水质等环境保护就是这样一种行政事务，高社会风险属性使得中央政府偏好将其交由下级政府承担。2014 年修订的《环境保护法》佐证了这一观点。《环境保护法》第 16 条明确规定，“地方各级人民政府应当对本行政区域的环境质量负责。”明确了地方政府在环境保护中的责任。针对农业和农村污染问题，第 23 条明确规定，“各级人民政府应当加强对农业环境的保护”，同时又规定，“县级、乡级人民政府应当提高农村环境保护公共服务水平，推动农村环境综合整治”。实际上明确了农业面源污染治理权限的下放。

污染治理信息具有模糊性。信息的模糊性是指即使是在同样的信息条件下，人们仍然会对某事务（物）产生不同的理解。在农业面源污染领域，这包含两个方面的含义：一是针对同一面源污染问题，由于检验技术手段、测量标准、统计方法等方面的差异，检测结果可能不同而带来的模糊性；二是即使面对同一测量结果，人们基于个人或组织利益、过往经验以及在组织科层结构中所处的位置等差异，也会产生不同的解释，可以是测量技术或手段的缺陷，也可以是公共部门监管不力，还可以是地势、气候等不可控自然力量导致。值得注意的是，不同于信息的不完备性或不对称性，针对信息不完备问题采取的增加信息的对策并不能解决信息的模糊性问题，同样，针对信息不对称情况而采取的激励设计对策也难以奏效。污染治理信息具有模糊性这一特点意味着，下级政府部门相较于上级部门而言，拥有更多的地方性信息和技术处理能力（周雪光和练宏，2011），在技术性强的环境治理领域尤其如此，因此，分权或许是解决此类困境的最佳手段。

中央政府、中间政府（除中央与基层政府外统称为中间政府）和基层政府三者间有着辽阔的行政范围和漫长的空间距离，他们共同拥有针对组织内部或组织间资产或活动的“控制权”（周雪光和练宏，2012）。然而控制权的分配组合不是任意的，很多情况下要根据治理情境做出改变。以农业面源污染治理为例，每个县的污染减排任务往往涉及若干条目，地市一级、省一级逐级累加信息，至国家层面信息已经累加到数以万计，在这种情境下，中央政府如果不分配或下放控制权，其治理过程必然不堪重负。如治理项目运行中需要掌握基层政府的执行力度、客观状况和其他事项的准确信息，显然，中央政府获取及处理这些信息会成本高昂无法承受；同样，项目结束后针对减排任务的检查验收，也同样会因需付出较高的成本代价而力不从心，更何况还存在着信息传递失真成本。因此在此情境下，中央政府更倾向于将权力下放到地方。

四、政治影响不对等

斯图尔特和理查德（Stewart and Richard，1977）认为政治影响不对等主要表现为两个方面，一是环境保护者和污染利益集团之间在信息获取方面的不对等；二是在获取资源以施加政治影响方面，全国层面的环境治理占有更多优势。当污染排放跨区域时，会有超出本地政策制定者预期的环境破坏。然而政策制定者在做最优决策时，往往很少考虑他们的行动对周围地区产生的环境外部性。鉴于此，有学者认为环境治理集权可以纠正污染外部性引起的政府失灵；而支持环境保护集权的学者则认为当某一地区的环境质量取决于所有地区污染物的总和时，应由中央政府统一提供这种纯公共品，反之则应由地方政府提供。

1970 年美国国会在《清洁空气法案》中授权国家环保总局设置全国统一的空气质量标准，即适用于全国的主要空气污染浓度的最大许可，但仅仅两年之后，在 1972 年《清洁水法案》中，国会决议让各州决定自己的水质标准。再如，环境税是采取集权的、由规制者建立的、适用于整个国家的统一税率，还是采取分权体制建立适用于各自行政区的不同税率，仍然是困扰决策者的问题。马士国（2008）认为分权倾向的环境联邦主义是控制污染的最优规制体系，其理由是既然削减污染产生的收益和成本在不同区域间差异很大，最优水平的排污费（或可交易排污许可数）也将不同，最佳选择因而必然是依据各个地方的情况设置不同的标准。在实践中，李伯涛等（2009）曾认为中央政府在环境治理中占据绝对主导地位，而地方政府发挥作用的空间较小。这一情况在 2014 年修订的《环境保护法》中有所改观，《环境保护法》规定我国环境保护采取属地原则，即各级政府对辖区内环境质量负责，环境保护行政主管部门统一进行监督管理，然而在实践中，地方政府在环境保护方面往往没有发挥应有的作用。因此，在环境治理上集分权与环境保护之间的关系仍需进一步讨论，环境保护在中央政府及地方政府间的责权分配以及地方政府在环境保护中的角色等问题尚需进一步研究，以协助解决中国经济发展中的环境保护问题。

以上围绕该理论所阐释的辩证观点给我们的启示在于，如果我们要寻找农业面源污染的规制路径，就需要厘清环境保护在中央政府及地方政府间的责权分配以及地方政府在环境保护中的角色等问题，这为我们的农业面源污染需要县域规制观点提供了理论上的可行性视角。

第三节　外部性与空间相关理论

一、外部性理论

外部性理论的提出可以追溯到英国经济学家亨利·西奇威克（Henry Sidgwick，1887）在对某些公共设施问题的探讨上，他认为自由经济中“个人付出的劳务”与“得到的报酬”之间并不总是符合等价关系，换句话说，个人并不是总能够从他所提供的劳务中获得适当的报酬，二者之间的差异就是外部性。学界通常把西奇威克看作外部性问题研究的奠基者之一。外部性的概念则是由阿尔弗雷德·马歇尔（Alfred Marshall，1890）首次提出的。马歇尔在分析个别厂商和行业经济运行时，首创了内部经济和外部经济概念，企业内分工带来的效率提高被认为属于内部经济，企业间分工而导致的效率提高被认为属于外部经济，即外部性。在两人的开创性研究之后，福利经济学创始人阿瑟·塞西尔·庇古（Arthur Cecil Pigou，1920）提出了私人边际成本、社会边际成本等一系列概念，勾勒出了静态技术外部性的基本理论。庇古认为需要依靠政府征税或补贴来解决经济活动中广泛存在的外部性问题，被称为“庇古税”，现在庇古税已经成为政府干预经济、消除外部性的有力措施。此后，外部性理论遵循庇古的研究思想，对众多的外部不经济问题进行了深入的探讨，其中就包括日益受人关注的环境污染问题。与此同时，针对外部性尤其是外部不经济问题，众多学者提出了一些“内部化”途径，如罗纳德·哈里·科斯（Ronald H. Coase，1960）的明晰产权思路，美国芝加哥大学保罗·罗默（Paul M. Romer，1986）建立的具有外部性效应的竞争性动态均衡模型。至此，在上述经济学家的努力下，外部性理论研究已初具规模，并成为现代经济学研究的一个新热点。

众所周知，土壤、水体及空气这类资源的使用权为所有人共同拥有，属于典型的准公共物品，由于可以不受限制地无成本使用，公众会产生快速消耗这种资源的动机，进而出现过度索取该类资源的行为，最终导致“公地悲剧”（tragedy of the commons）。农业面源污染像其他环境问题一样具有很强的负外部性。在农业面源污染领域，农户往往忽略外部成本的存在，本应由农户承担的外部成本被转嫁到农业生态环境和社会身上，导致农业生产资源被过度利用、农业生产污染被过度排放等。从这个角度上说，农业面源污染治理实际就是解决农业生产的外部性问题。但在实践中，由于“市场失灵”和“政府失灵”的双重失灵，农业环境污染治理已经成为较为棘手的治理难题。正如马云泽（2010）从规制经济学的研究视角所分析的，造成当前中国农村环境污染问题的根源主要为经济性根源和体制性根源“双失灵”，具体体现为农村环境的理性“经济人”假设、外部性以及公共物品性质等市场失灵特征以及农村环境公共管理政策的规制失灵特征。

二、空间相关理论：空间溢出与边界效应

溢出效应（spillover effect）发轫于学者们对外部性的关注，溢出是经济外部性的表现之一。庇古将外部效应分为两类，即带来利益的外部效应和导致损失的外部效应，前者也被称为外部经济或积极溢出，后者被称为外部不经济或消极溢出。约瑟夫·斯蒂格利茨（Joseph Stiglitz，1976）的观点则更为现代学者接受，认为在市场交易中没有被包含的额

外成本与收益即为溢出效应，两人的观点逐步奠定了溢出效应研究的理论基础。因而可以这样来理解溢出效应：组织或个人在进行某项经济或其他生产活动时，不仅会产生活动所预期的效果，还会给组织或个人之外的人或社会带来或好或坏的影响，而这种影响既得不到报酬又得不到补偿，损失的利益或者受到的损害是游离于市场价格之外的。溢出具有多态性，在多个领域都存在溢出效应。早期学者们曾掀起技术溢出效应、知识溢出效应的研究热潮。如司春林（1995）研究了技术溢出的一种特殊表现，上游产品，即那些用于生产其他产品的产品，例如生产工具、生产资料等的技术创新会“溢出”到下游产品，下游产品的技术进步有待于上游产品的技术创新。以农业为例，种子、栽培技术等农业内部的技术进步带来了农业投入品，如新的农药、农具、化肥等的发明与创新。

随着经济一体化的发展，学者们对溢出效应的关注转向区域间溢出，主要考虑不同区域间经济增长相互影响的关系，如 GDP 溢出框架的提出，即来源于区域财政政策、货币政策或者是其他内生变量的变动而引起的其他区域 GDP 经济变量的变动。薄文广（2008）通过构造邻省发展水平变量对中国区域溢出进行了测算，实证分析了中国区际增长溢出效应及其差异。也有学者认为溢出效应并不明显，如潘文卿和李子奈（2007）通过投入产出分析技术对溢出效应进行实证，结果发现沿海地区经济发展并没有显著影响内陆地区，内陆地区的经济发展反而对沿海地区具有溢出效应。布朗（Brun，2002）等探讨了中国沿海省份产业发展政策所承诺的区域性增长溢出效应，结果发现短期内沿海省份对内陆地区的溢出效应（带动效应）尚不足以减少区域间不平衡。黄策（Huang C，2018）等研究发现，美国州际污染溢出导致州政府偏向于宽松的环境标准，并使州政府有动机夸大为减少污染所付出的经济成本。

边界效应（border effects）是指不同行政区交界处的基础设施和经济发展水平等与非交界地区相比较为滞后。边界区域是指在一定范围内某政治实体（如国家、行政区等）与其他接壤政治实体在交接处所构成的特定地理空间，是一个特殊的地理区域。研究者曾在中国区域发展中观察到明显的边界效应，以交通设施分布为例，省份交界处的交通设施相较于非交界处，其交通便捷通达性及兼容性明显不足。据统计，2012 年国务院扶贫办发布的 592 个国家扶贫开发工作重点县中，位于省份交界处的县多达一半以上，这说明省界县的贫困发生率远高于非边界县，边界效应明显。唐为（2019）认为，当经济活动存在正外部性时，地方政府会策略性地减少辖区边界上的公共投资，产生区域发展中的边界效应。计量结果亦表明，省界县的发展水平（人均 GDP 以及夜间灯光亮度）相对于本省非省界县显著更低，由省级政府进行投资决策的交通设施水平（省道、高速公路）在省界县更低，由此验证了区域经济发展的边界效应的广泛存在。

外部性导致的边界效应还表现在空气、水体、土壤等环境污染方面。由于具有典型的负外部性，行政区边界的污染治理收益无法被行政区政府内部化，政府往往选择放弃或减少治理成本投入，边界地区因而呈现更高的污染程度。利普斯科姆和穆巴拉克（Lipscomb and Mobarak，2017）基于巴西行政边界的重新划分，系统分析了分权对河流边界污染溢出的影响程度和特征，并提出基于合作的水流域污染委员会的存在可以缓解污染程度。在中国部分省域，污染也存在着“边界效应”。杜维威尔和熊航（Duvivier and Xiong H，2013）以中国河北省为例，构建统计数学模型研究跨界污染问题，研究表明，对于污染企业来说，边界县比非边界县更具有吸引力，因为来自政府的规制力度相对宽松。蔡洪滨（Cai H B，2016）运用三重差分法研究中国河流沿线县的行业活动水平，发现一个省的下游县的水污染活动比其他发展水平相近的县高出 20%。

社会问题的溢出效应和边界效应的存在影响着公共机构的治理选择，如果溢出效应存在，那么针对该社会问题的联合行动治理就是有效的，而如果溢出效应不存在，选择需要调动较多资源的联合行动无疑会加大治理成本。同样，如果边界效应的存在本质上是上级政府治理投入的不均衡导致的边界忽略，这时，将权力下放到基层政府会提升社会问题的治理效度。由此，我们可以从外部性、污染外溢的内在逻辑出发，围绕农业面源污染是否存在溢出效应或边界效应展开检验，用来支撑农业面源污染需要县域规制的观点。

第四节　新规制理论与政策工具理论

一、新规制理论：机制设计框架与治理模型的结合

规制理论首先回答的是规制的动机问题，或者规制产生的根源。针对此问题，王俊豪（1999）认为，市场微观经济行为的自然垄断性和外部性提出了政府规制的需求，政府规制的供给与否则取决于政府对该行为的认知与判断，而认知是一个由浅及深的过程，只有政府的认知达到一定深度才会产生提供规制的动机。刘小兵（2004）则提出市场缺陷的存在，如自然垄断、负外部性、正外部性和信息不对称等只是为政府规制提供了一种可能，并不构成政府规制的充分要件，是否需要和在多大程度上需要政府规制，取决于政府管与不管的效果比较。袁持平（2005）分析认为，垄断、外部性、公共产品搭便车等市场失灵的因素是政府规制的边界，政府规制的主旨在于重新恢复市场机制在这些领域内的有效调节。

传统的规制理论存在于19世纪四五十年代到20世纪60年代之间，认为政府可以掌握被规制对象的完全信息并采取公平回报的方式进行有效规制。这时期先后出现的主要流派有：规制公共利益理论（public interest theory），认为政府的直接干预可以达到保护社会公众利益的目的；规制裹挟理论（regulatory capture theory），与规制公共利益理论完全相反，认为规制者或立法者将被产业“裹挟”设计规制方案，这些方案只能提高产业利润但不能增进社会福利，因而无法避免规制失灵的存在；规制经济理论（the economies of regulation）尝试从一套假设前提出

发，运用经济学的基本范畴和标准分析方法来论述假设符合逻辑推理，解释了规制活动的实践过程。然而现实中，传统规制理论由于未考虑信息不对称，给规制者在制定规制措施的过程中带来困难，如逆向选择和道德风险普遍存在，因而备受质疑和批判。

新规制理论框架诞生的标志性文献是梯若尔和拉丰（Tirole and Laffont，1993）的著作《政府采购与规制中的激励理论》，作为传统规制理论的补充，新规制理论重点探讨了信息不对称条件下的规制问题。其基本假设有三个：一是信息不对称在规制主体与规制客体间广泛存在；二是激励相容和个体理性是规制方案设计的两个约束条件；三是规制客体遵循行动效益最大化原则。基于这三个假设，该理论认为政府规制宜疏不宜堵，简单的强制手段无法取得理想的效果，应首先承认市场主体自利行为的正当性，并通过巧妙的制度设计，引入激励模型，将管理约束与激励相容，一方面可以充分调动被规制对象的积极性，另一方面又可防范被规制者利用自身的信息优势参与寻租或谋取其他不正当利益。因此，规制的实质是规制双方在不完全信息条件下的最优控制问题。

新规制理论的特征主要体现在以下方面：就制度设计而言，新规制理论将机制设计框架与治理模型结合起来，较好地解决了传统经济学面临的不完全信息、不完备契约以及激励制度设计等问题；在规制类型上，新规制理论根据规制对象的不同将规制划分为经济规制和社会规制，经济规制主要解决具有信息不对称等特征的社会问题，而社会规制主要应用于经济活动中的外部性问题中；在规制视野上，新规制理论突破了传统规制理论的静态分析局限，建立了糅合机制设计的动态分析框架，扩大了理论的应用范围。此外，该理论提出了"委托人—监管人—代理人"三元分析框架，有效解构了规制范畴内的行为偏好与逻辑。樊玉然和吕福玉（2012）基于新规制理论建立了盐业激励性规制机制设计模型，并认为作为市场化的过渡，以激励性规制为核心内容的政府特许经营应是盐业规制改革的现实选择。总之，新规制理论将规制问题看作一个最优机制设计问题，聚焦于如何为政府规制政策机制的设计提供理论指导，克服了传统规制方法在实践过程中的难点，因而更具实践价值。

二、政策工具理论

政策工具（policy instrument/tool），或称治理工具（tools of governance/governing instrument）、政府工具（the tools of government）、政府技术（governmental techniques），是20世纪50年代中期罗伯特·达尔和查尔斯·林德布洛姆（Robert Alan Dahl and Charles Lindblom，1953）在其文章《论现代国家采取的政治——经济技术》中首次提出的。20世纪70年代以来，政策实施问题的日益复杂以及人们对政策失灵的关注很大程度上催生了人们对政策工具的研究，而公共政策科学的产生为政策工具的研究提供了学科基础。在这个背景下，政策工具理论开始逐渐成型。

学者们主要从目的论、资源论及策略论三种角度来研究政策工具。目的论从广义角度对政策工具进行界定，如布鲁金（Brukin，2007）将政策工具看成是实现政府管理目标或实现某项政策主张的诸多手段及其组合。目的论是备受青睐的一种观点，持这一观点的学者还有休斯（Hughes，2001），其将政府工具界定为政府的行为方式以及通过某种途径用以调节政府行为的机制。政策工具目的论认为政策工具选择的本质是技术性的，有“好的”及“坏的”政策工具之分。后期以新制度经济学等为代表的目的论研究则强调政策工具使用的制度背景及其交易成本，并超越好与坏的简单区分，探索政策工具组合（instrument mixs）以适应国家战略定位或政策目标的调整。

资源论视角将政府所具有的核心资源视作其履行职能的政策工具，如理性的官僚制以及透过官僚制所促成的文官制度、功绩制、常任制等都是政府可供选择的相对有形的、实质性的政策工具。胡德和林德布洛姆是资源论政策工具研究的主要代表人物。胡德（Hood，1983）在其《政府工具》一书中，提出了政府工具的“NATO”框架，该框架囊括了政府的信息工具（nodality）、法制工具（authority）、财税工具（treasure）和规制工具（organization）等资源类工具。林德布洛姆（1996）在其《政治与市场》一书中，总结出法理权威（authority）、信息交换（exchange）及说服（persuasion）三种资源类政策工具。其中，权威较依靠强制力，交换则属于诱导性政策工具，而说服属于无须强制和诱导就能促进行动有序协调的政策工具。胡德和林德布鲁姆的研究是早期政策工具研究迈向体系化的经典代表作。

策略论视角将政策工具视作各种用于改进公共服务供给路径以及改善政府与市场、第三部门以及公民间关系的“治理策略”。策略论观点是随着新公共管理（new public management，NPM）浪潮所推动的“企业家政府”“民营化改革”等理念发展来的。此阶段催生了一批针对民营化、市场化、社会化等政策工具进行深入研究的、具有深远影响的经典之作，如奥斯本（Osborne，2013）在其著作《改革政府》中提出的政策工具清单，以及《政府改革手册：战略与工具》中提出的改革战略工具。大约在20世纪末21世纪初，世界经济波动导致新公共管理所推动的私有化、民营化等政策工具的问题逐步显露，针对公共治理政策工具的诸多综合性、反思性的理论开始铺陈，“合作治理”“适应性治理”“整体性治理”以及“网络化治理”等新的治理框架理论逐渐影响到公共服务供给与生产的方式、制度与机制等，策略论政策工具研究得到了长足发展。

总之，政策工具是一组由政府行使的影响或预防社会重大改变并借以获得合法性的支持的权威技术，是将政策目标转化成具体政策行动所使用的工具或机制。政策工具不仅影响政治制度的运行，也影响着公民的日常生活与社会经济活动。政策工具设计的优劣，能够影响政策执行的成效和政策目标的实现，政策工具须通过合理的规划设计才能有效达成政策目的。

全书主要运用了环境联邦主义、外部性及空间相关以及新规制和政策工具等三个基础理论。如果说前两个理论为农业面源污染的县域规制提供了理论上的支撑，那么新规制理论和政策工具理论则为农业面源污染县域规制提供了应用上的支持，本书的最终意图正是借助“机制设计框架与治理模型相结合”的新规制理论，设计一个适合县域分异特征的、动态的、县域情境与政策工具相拟合的，且可以为农业面源污染县域治理提供决策支持的规制体系。

第三章

农业面源污染总体形势、成因及治理政策分析

为客观掌握农业面源污染的县域排放，本章首先分析了中国农业面源污染的污染源，即农田化肥、农药及农用地膜的过量或不合理使用状况，并从农业发展史、农地产权、农户理性的角度分析农业面源污染的形成机理，最后梳理了近些年中国农业面源污染的规制政策演进，为下面的深入分析和治理路径研究进行铺垫。

第一节　农业面源污染的源态势分析

根据前面的界定，本书的农业面源污染主要指农户在农业（仅指种植业）生产过程中由于不合理的物质投入而产生的对土壤、大气、水体等的面源污染，污染源主要包括农田化肥、农药残留及地膜残留等。

一、农田化肥污染源

作为农作物养分的化肥，在提高农作物产量的同时也给农业生态带来污染风险，因而成为农业面源污染的重要原因。中国化肥施用不合理的地方主要表现在施用总量及施用强度两方面（如图3－1所示）。

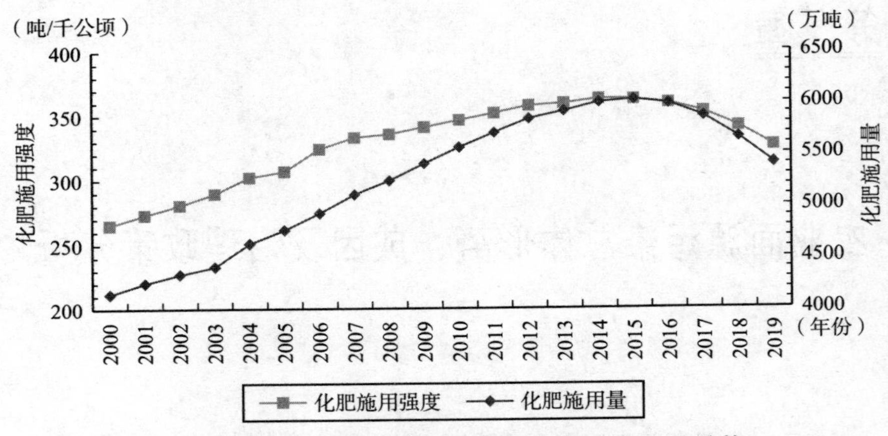

图3－1　2000～2019年中国化肥施用量及施用强度趋势

资料来源：作者整理自相关年份《中国统计年鉴》。

一方面是绝对施用量大。改革开放以来，中国农用化肥施用量逐年攀升，在2000年就已达到4146.40万吨，占世界化肥施用总量约30%，然而中国耕地面积不足世界耕地面积总量的10%。2016年，中国化肥施用量数据已经上升到5984.10万吨，近20年间增长了44.3%，相关数据显示，中国已经成为世界上最大的化肥消费国。另一方面是施用强度高。化肥施用强度是指单位播种面积化肥施用量，本书用农用化肥施用量与农作物总播种面积的比值表示。国家统计数据显示，1975年中国化肥施用强度仅为70千克/公顷，与同期世界平均水平大致相当，但2000年中国化肥施用强度达到265.28千克/公顷，并在2016年高达359.08千克/公顷，远远超过发达国家为防止化肥污染而制定的安全标准（225千克/公顷）。从增长率来看，化肥施用强度在2002～2007年出现增速波动，在2006年增长率一度高达5.66%，此后增速减缓，从2014年开始，增速明显下降，并在2015年出现负增长，这表明中国近年来化肥施用正向合理化方向迈进。

由于过量施肥或偏施肥，中国的化肥利用率远低于发达国家60%～80%的普遍水平。李静和李晶瑜（2011）曾构建粮食生产的随机前沿生产函数模型来估计化肥利用效率，结果发现中国小麦、玉米和水稻三种作物的化肥利用效率平均水平分别仅为37%、26%和37%。王则宇等（2018）测算出中国粮食生产中化肥利用技术效率平均为31.84%，这意味着在其他要素投入一定的情况下，用于粮食生产的化肥中，约68.16%被浪费。张波和白秀广（2017）以苹果为例，计算了经济作物生产中化肥利用效率，结果发现该数值为43%，仅稍高于粮食作物。高比例的养分流失加剧了农业面源污染的产生。

图3-2报告了2000年和2019年中国各省份农用化肥的施用差异。从图3-2中可以看出，我国不同地区化肥施用水平差异非常显著，东部地区尤以山东、河南、江苏、河北、安徽等农业大省为代表，化肥施用量较高，且数据显示东部沿海部分省份化肥施用量已大大超过全国平均水平；西部地区受自然、交通等条件的限制，化肥施用量相对较低，这些地区的化学农业生产水平也相对较低。从变动趋势来看，2000～2019年，河南、新疆、黑龙江等几个省份的增长幅度较大，表明这些地区迫切需要农业产业结构调整和产业升级，改变"高投入高产出高污染"的农业生产格局；而2015年江苏、宁夏两个省份的化肥施用总量相较于2010年反而下降，这应该和两地区的经济转型有密切关系。

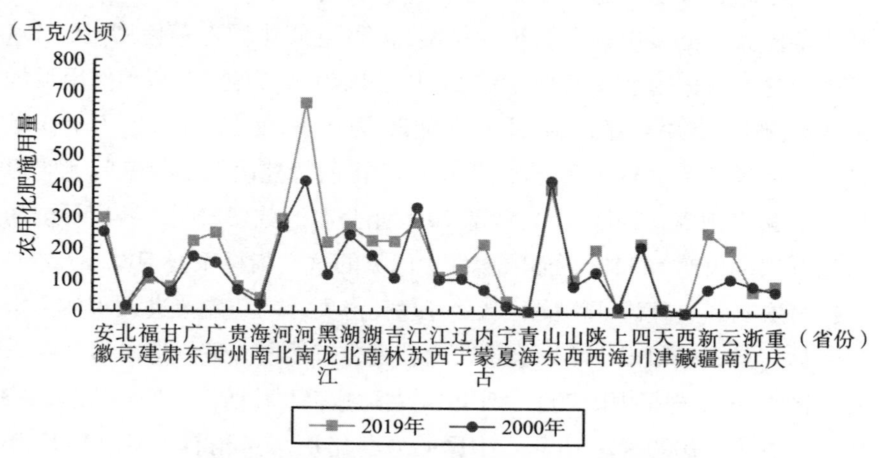

图3-2　中国各省份主要年份农用化肥施用量

资料来源：作者整理自相关年份《中国统计年鉴》。

农业生产中的化肥污染表现为对水体、土壤以及大气的立体污染。化肥污染首先表现为冗余养分随农田排水、地表径流或降雨进入水体导致水体富营养化，破坏水体生态平衡，带来水体污染；其次还包括化肥从原料的开采到加工生产携带的重金属元素以及氮肥经硝化、反硝化作用生成硝酸盐等有害物质对水体及土壤安全造成的严重威胁。据2013年国土资源部公布数据，目前中国内地中重度污染耕地大约为5000万亩。过量及不合理地施用化肥导致的施撒冗余滞留会显著改变土壤的物理属性，造成土壤板结、酸化以及肥力下降。化肥中的氮肥还是造成大气污染的一个源头。冗余的化肥氮以各种形态的氮素源源不断进入大气，导致臭氧层破坏，加速全球变暖进程。

二、农药污染态势分析

作为现代农业发展不可缺少的生产要素之一，农药的合理施用是提高粮食产量、节省人力，提高生产效率的重要保障。长期以来，喷洒农药成为农民减小病虫害带来的经济损失的首要选择。与此同时，农药又是人们主动施加于环境的有毒化学物质。目前，中国是世界上施用农药最多的国家。据《中国农村统计年鉴》，2016年中国农药使用量为174万吨，这一数据远远高于欧美国家。以美国为例，美国农药年使用量约为30万吨，其中包括除草剂（约为20万吨）、杀虫剂（约为7.5万吨）以及杀菌剂（约为2万吨），由于严格的管控政策，年度间无明显变化（朱春雨等，2017）。农业部2015年公布的数据表明，我国目前的农药利用率仅约为35%，而欧美发达国家的这一指标则是50%～60%。大部分农药通过径流、渗漏、飘移等途径流失，农药残留进入水体会带来水体污染，残留于土壤则会持久存在且分解缓慢，最终形成污染源。

图3-3呈现了中国2000～2019年农药施用及其增长趋势。从图3-3中可以看出，2000～2002年，中国的农药施用总量稍有下降，1999年农药使用量为132.2万吨，2001年和2002年则分别为128万吨及127.5万吨。这可能是因为2001年为加强农药管理，国务院修订了《农药管

理条例》。但此后农药施用增长加速，2005～2007 年增长率均在 5% 以上，这给环境问题及食品安全带来极大危害。经过 2009～2012 年的增长平台期后，2013 年至今，中国农药使用量基本实现零增长。

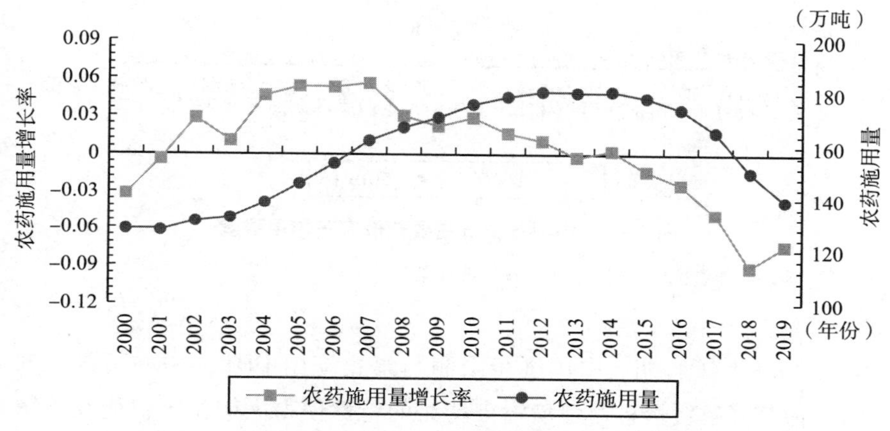

图 3－3　2000～2019 年中国农药使用量及增长率趋势

资料来源：作者整理自相关年份《中国统计年鉴》。

农药施用强度可以更客观地反映农药的实际使用情况，计算公式为农药施用量/耕地面积。图 3－4 报告了中国各省份主要年份农药施用强度的差异，省域层面农药施用强度总体上呈现出从西到东、从北到南逐渐递增的分布趋势。施用强度较高的地区主要集中在东南沿海及中部地区，这与农业生产及经济发展水平的分布基本一致。2015 年，浙江、上海、四川、湖北等省份的农药施用量相较于 2010 年大幅下降，这与国家严控农药使用政策有关。

土壤是农药在环境中主要的“储藏库”与“集散地”，施入农田的农药大部分残留于土壤中。由于基本理化特性的不同，不同农药在土壤中的降解速度也不一样，因此，其在土壤中的残留时间也不尽相同。一般而言，农药在土壤中的降解速率越慢，残留期就越长，就越容易导致对土壤环境质量的影响。如中田春彦（Nakata，2005）等的研究证实，

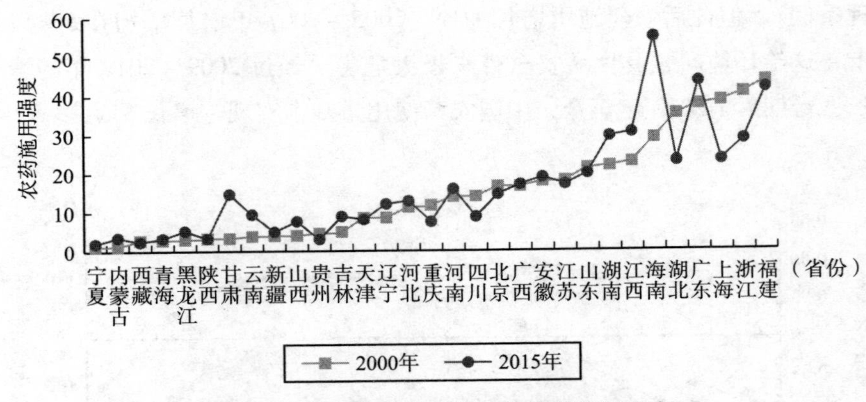

图3-4　中国各省份主要年份农药施用强度

资料来源：作者整理自相关年份《中国统计年鉴》。

20世纪80年代后期，中国逐步限制与禁止施用DDT（一种高毒性农药），但其降解缓慢且对环境污染持久的特性使得人们至今仍能在土壤中检测到DDT残留。农药污染水体的主要途径是直接向水体施药，其他途径包括残留于土壤的农药随径流进入水体、随雨水或灌溉水向水体迁移以及施药工具和器械的清洗滞留于水体等。一般而言，农药在地下水体的消失速率比在地表水体的消失速率缓慢得多，其降解半衰期长达数年之久。再来看农药对大气质量的影响。农药对大气造成的污染程度主要取决于施用农药的品种、数量及其所处的大气环境密闭状况和介质温度。农业生产中使用的农药，有一部分将通过挥发作用进入大气中。大气中的残留农药，可以通过大气传输的方式向高层或其他地区迁移，从而使农药对大气的污染范围不断扩大。

三、农用地膜使用与污染态势分析

农用地膜种植技术的采用极大地促进了农作物产量和经济效益的提高，成为继化肥农药后的第三大农业生产资料，在促进农民增收和农业增效方面发挥了重要的作用。据《中国农村统计年鉴》，2016年我国农用地膜使用量达到 147.0 万吨，而该数据在 2000 年仅为 72.2 万吨，增长近 1 倍，年均增长率为 4.57%，见图 3－5；地膜覆盖面积从 2000 年的 1062.48 万公顷增长到 2016 年的 1840.12 万公顷，递增了 1.73 倍，年均增长率为 3.07%，地膜施用强度（农用地膜使用量/地膜覆盖面积）从 2000 年的 67.95 千克/公顷增长到 2016 年的 79.89 千克/公顷。

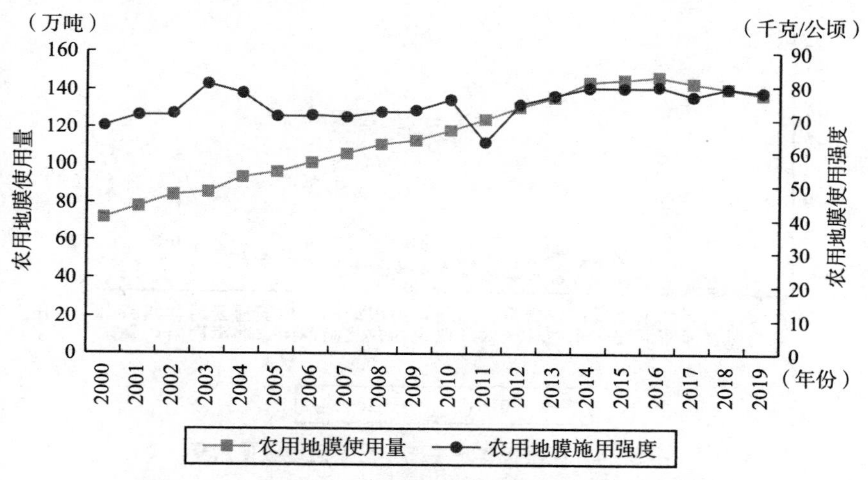

图 3－5　2000～2019 年中国农用地膜使用量及施用强度

资料来源：作者整理自相关年份《中国统计年鉴》。

图 3－6 报告了各省（市、区）地膜使用量，可以清晰地认知农用地膜的使用状况。统计表明，2000 年和 2016 年，山东、新疆、四川及甘肃四个省份的地膜使用量均居于前列，其中山东农田地膜使用量从 2000 年的 9.28 万吨增长到 2016 年的 12.1 万吨；新疆的地膜使用在 2000 年以 8.2 万吨的使用量仅次于山东，但在 2016 年达到 22.87 万吨。新疆是当前的棉花大省，据统计，20 世纪 80 年代，新疆地区棉花单产仅为全国平均水平的 18%～20%，但经过 30 多年的发展，2015 年新疆棉花单产已经高于全国平均水平 24.6%。这一指标的迅速提升，很大程度上得益于地膜的使用。残膜逐年增多使得新疆深受白色污染困扰，地膜效益和污染加剧的矛盾日趋尖锐。从区域地膜使用量来看，2000

年地膜使用量在万吨以下的省份有 8 个，其中包括福建、宁夏、海南等，但到了 2016 年，三省份的数据均已超过万吨，可以说地膜栽培技术已覆盖全国所有省（市、区），包括北方干旱、半干旱和南方的高山冷凉地区。

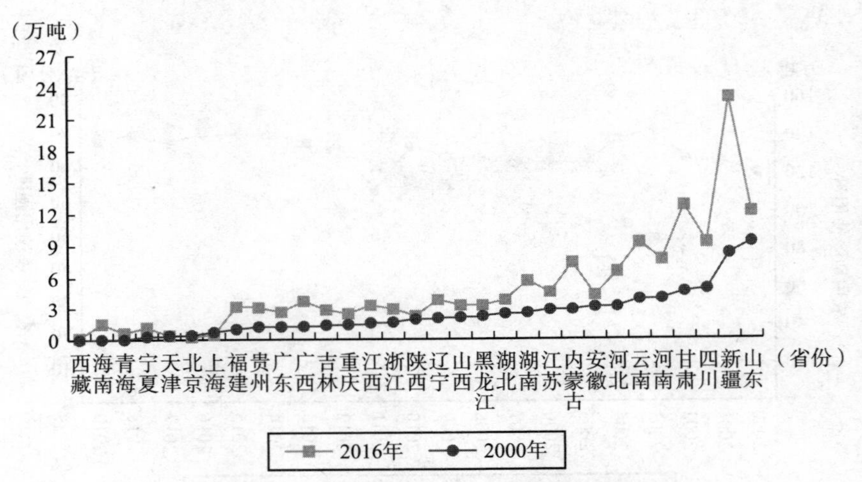

图 3－6　中国各省份主要年份农用地膜使用量

资料来源：作者整理自相关年份《中国统计年鉴》。

生产中应用的普通地膜，在自然条件下需要 200～400 年才能分解。而地膜回收缺乏强制法律规定，再加上人工捡拾成本高，农民在不影响耕作的情况下大多不愿意捡拾地膜。据调查，地膜回收率仅为 30%，仍有大量残留在农田，形成严重的残留污染，导致土壤结构破坏、农事作业受阻、耕地质量降低、次生环境污染等一系列问题。

第二节　农业面源污染的形成机理分析

机理分析是通过对系统内部原因，即事物变化的理由与道理的分析，研究找出其发展变化规律的一种方法，是科学研究的重要环节。农业面源污染是一个动态发展的过程，其形成机制研究是开展面源污染防控及管理研究的前提。农业面源污染的形成可分为直接驱动和间接驱动。直接驱动包括气候、土地覆盖变化等自然方面产生的影响；间接驱动主要指经济、人口、社会等人为主导因素。换句话说，农业面源污染的产生既受到自然环境影响，又具有社会经济根源。由于自然环境具有不可控的特性，且本书的研究目的是为决策者寻找合适的县域治理规制路径，因此，此处的机理分析没有考虑自然环境根源。

一、农业发展史视角下的农业生产与环境变迁

“环境污染是人类工业文明的衍生物”这一观点已为大多数人接受，但这并不能将农业生产活动从导致环境污染的影响因素中剥离出来。环境变化承载着人类活动的痕迹，早期人类以采集和渔猎为主的生产活动对环境的影响微乎其微，但农业革命扩大了人类生产活动对环境的影响。彭世奖（2000）根据物质投入的方式，将农业生产划分为掠夺式农业（原始农业）、传统农业（循环农业）和现代农业（石油农业）三个阶段，并分析了每一阶段对环境的影响。

原始农业是以砍伐森林为代价的“刀耕火种”农业，这种粗暴的“拓荒耕作制”看似打破了农业生产与环境的平衡，实际上并没有给生态环境带来污染，相反还在一定程度上保证了地力恢复，这是因为人类为了选择更适宜的森林进行砍种，不得不不断迁徙并撂荒，既保证了土地的生产性，还无意识地完成了环境本身对垃圾和粪便堆积而造成污染的降解及吸纳。

施肥这一生产行为的出现意味着农业生产发展到新阶段，即传统农业阶段，也有学者将其称为“循环农业”。人类历史上何时开始施肥尚无定论，但从文献上看，中国战国时期农田施肥已较为普遍。《老子·四十六章》中提到“走马以粪”以及《韩非子·解老》中“积力于田畴，必且粪溉”等都是对早期农业生产施肥行为的描述。施肥技术的采用使得土地的复种指数得以提高，进一步提高了单位面积产量，农民改

变了“焚林拓荒”的迁徙式生产方式，把主要精力转移到就地“精耕细作”的生产方式上，这对缓解过度砍伐保护森林资源以及保证土地的可持续发展起着重要作用；更为重要的是，这一生产方式将可能带来生态污染的人畜粪便、生活垃圾及其他有机废物作为肥料直接或间接地放回到土地中参与物质循环，使得农业与环境保持着较长时间的动态平衡。

然而在现代农业（即石油化学农业）阶段，在工业化的快速推进下，农业走上集约化发展道路，为获取更多的农业产出，农民在生产中投放过多的农药、化肥等物质类生产要素，导致冗余物质沉淀于土壤或随径流进入水体或挥发于大气中，成为可怕的污染源；地膜等生产废弃物数量激增，农民受成本约束影响多采用堆放、焚烧或填埋等方式予以处理，使土壤有机质含量减少，土地质量下降。

上述的发展回顾证实了原始农业和传统农业阶段的生产方式并没有带来污染，换言之，农业生产本身并不必然带来环境污染，农业面源污染是现代农业生产方式的结果，投入式农业在增加农产品产量的同时，也造成了农业面源污染问题。这一结论为农业面源污染的治理提供了理由和逻辑基础，也进一步证明了农业面源污染治理的可期性。

二、农地产权束强度缺陷

产权强度缺陷首先表现在权利束中的部分权利缺失。阿尔钦（Alchian，1965）在《帕尔格雷夫经济学大辞典》中将产权定义为“一个社会所强制实施的选择一种经济品的使用的权利”。社会强制决定了产权所有者的使用范围，同时限定了选择的可能性集合，即“权利束”。产权“权利束”的核心是使用权、收益权和转让权。同一经济物品可能因拥有不同的产权束而价值完全不同。毋庸置疑，农民拥有农地的使用权以及获益权。就农地转让权而言，理论上转让权应包括出租、抵押、买卖等权利，但实际上，早在20世纪50年代，中国逐步取消了土地交易权，但农户拥有将土地出租的权利，1993年《中共中央 国务院关于当前农业和农村经济发展的若干政策措施》中允许土地的使用权依法有偿转让，前提是坚持土地集体所有和不改变土地用途且需经发包方同意，由此可见，农户拥有土地出租权利且中央政府有意促进土地流转。但在实践中，农地流转依然存在活力不足、规模不大、结构不协调等问题，这或许可以说明出租权仍然面临不同的限制。

产权持续期限是产权强度的又一表现。对产权所有人而言，持续期限太短不利于产权使用人在经济物品使用上的长期行为，为此，中央文件严格限定农地行政性调整，数次重申现有土地承包关系应保持稳定并且长久不变。事实上，中国目前部分省份已经在不触及土地所有制根本制度的基础上进行农地确权改革，这对强化产权强度是有益的探索。但钱忠好和冀县卿（2016）的调查研究显示，在村级层面上，2006～2013年8年间，江苏、广西、湖北、黑龙江等四个省份104个样本村的农地大调整平均值为0.17次/村，小调整平均值为0.93次/村。可见实际工作中农地行政性调整时有发生，产权持续期限不稳定。

既往研究也已表明，长期以来农地产权强度不足是导致农地保护效果不佳、农业面源污染的根源。农民作为农地保护的直接参与者，其在农地保护中的角色非常重要，但目前的产权配置制度不仅对农民缺乏公平和激励驱动，反而呈现出反向激励效应。

三、农户的个体理性与污染激励

从某种意义上讲，农民的行为方式是对成本—收益的理性选择。现阶段中国农业规模经营程度较低导致农地经营仍然过多依赖手工和体力，而且农业生产工序较长，与进城务工或工厂劳作相比，农田耕作更为劳心劳力，因而农民更偏好于前者；与此同时，相对于从事工业生产及城市就业而言，农民从事农业生产的收入较低，处于相对弱势的市场地位，因此，在这种情境下，他们有理由竞相选择更多的外部性，比如大量地使用农药、化肥并无限容忍对环境的破坏。对农户来说，是支付更多的劳动力和辛苦主动地以有机肥替代化肥和减少农药的使用，还是简单地过度使用农药化肥以降低私人成本并提高收益这一问题，实质上就是以高成本生产绿色环保产品的亲环境行为还是以低成本生产非绿色产品并造成农业生态环境破坏和污染行为的抉择问题。众所周知，亲环境行为成本高，却可以解决不合理农业生产所带来的面源污染问题；而外部性行为虽然节省了农户的人力物力成本，却造成农业面源污染及其派生的其他社会问题。从收益角度来看，亲环境行为收益难以提高和维持，而外部性行为则可以通过将私人成本向外部转移来实现净收益的增长，很显然，后者更符合农民的个体理性选择。因此，外部性行为将成为一种群体性均衡选择。这种行为在化学投入式农业发展与产权缺陷带来的近“公地悲剧”的双重加持下，进一步加剧农业面源污染。更为值得关注的是，以道德或者法律等规制手段对农户的这种“理性”选择进行责罚往往是难以奏效的。

四、道德忽略与风险规避

前文的分析很难让人否认，群体性的有悖道德的行为却是个体理性选择的结果。农户在对其个人收益与道德进行权衡利弊时，如果收益大于道德约束成本，那么他们就会选择悖德的行为。但同时这一行为选择也给农户带来效益的减损。然而农户为什么会忽略这种减损呢？事实上，农业污染与农户的生存环境休戚相关，农户虽然是排放主体，但同时又是排放结果的直接受害者。从理性的角度来讲，如果不是技术所限，农户是没有排放动机的。可以说，大部分农民认识不到农业面源污染的危害，更无法做到有意识地减少农药、化肥的使用来控制面源污染。农户使用化肥农药的生产行为主要根据以往的生产经验，对环境污染缺乏道德意识，进一步加剧了农业面源污染。

风险规避是经济主体为了消除或降低可能面临的风险，通过调整生产计划以使其产出免受风险影响的一种行为选择。发展经济学理论认为，小规模农户的风险规避倾向比一般的经济主体更强，这可以解释农户的一些明显偏离利润最大化目标、非理性的“高投入、低产出、高外部性”的生产经营行为。长期以来，中国农民依靠增加化肥投入或农药施用量来挽回生产不确定性所带来的经济损失。在农业生产中，除了旱涝等自然灾害外，病虫害被认为是农业生产面临的最大风险，米建伟等（2012）利用实地调查数据发现，具有较高风险规避程度的农民会施用更高浓度的农药或选择更多种类的农药或购买价格更高的农药来避免可能发生的虫害损失及其他农业生产的不确定性。农户的风险规避行为加重了农业面源污染的程度。

第三节　农业面源污染治理政策演进分析

1972 年，在瑞典斯德哥尔摩召开的“联合国人类环境会议”是全球环境保护的里程碑式事件，各国纷纷开启了环境保护的探索，并经历了一系列的管理体制嬗变。以美国为例，从美国环保体制演变的过程来看，最初的环保权力归属于州政府，后期才逐步收回到联邦，尤其是排污的环境标准，基本上都还是在美国环保署（EPA）主导下进行全国统一的。而到了 20 世纪 80 年代，基于地方政府对本地环境保护的情况更加知根知底，由地方政府来执行环境保护的权力会提高环保的效率这一理由，美国才逐渐意识到环境保护的监督和执行仍有赖于州政府，并开始逐步向州政府转移相关的权限，而后至今总体未变。可以看出，总体上，美国环境保护经历了分权—集权—再分权的变迁。

在中国语境下探讨农业面源污染治理，势必不能脱离中国特定的制度背景。农业面源污染的治理是一个螺旋式连续谱系，每一阶段都建立在对前一阶段质疑并回应的基础上，共同演绎着治理路径的嬗变逻辑，并使农业面源污染治理呈现出可以探明的规律特征。有鉴于此，基于叙事的一惯性，本节认为有必要通过展示治理政策变迁来捕获农业面源污染治理的实质。厘清治理变迁历程，有利于准确把握农业面源污染治理脉络，这对推进“十三五”规划要求的环境治理改革具有重要的理论及现实意义。图 3 – 7 直观呈现了中国农业面源污染治理政策演变的 4

个阶段和主要节点。

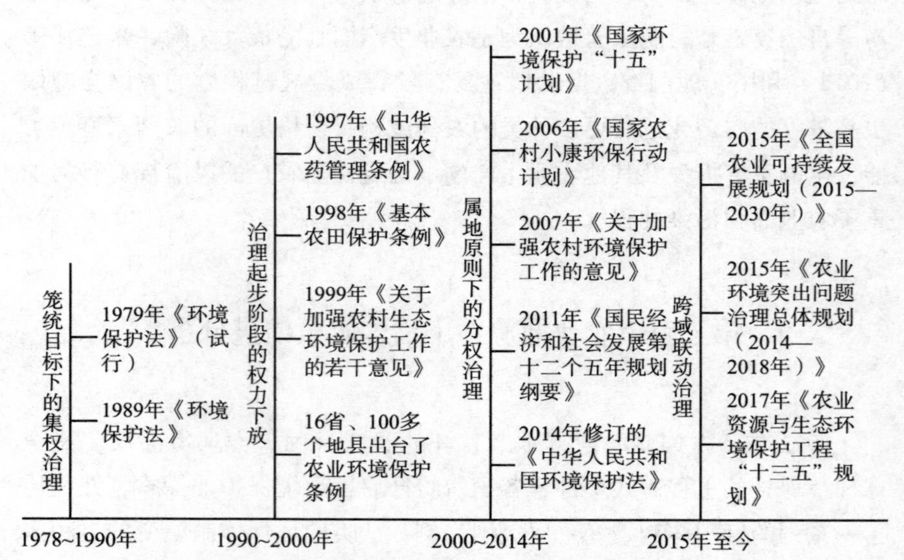

图3－7　中国农业面源污染治理政策演变的四个阶段及主要节点

资料来源：作者根据相关资料自行整理绘制。

一、早期笼统目标下的集权治理

1978～1990 年为笼统目标下的集权治理阶段。早期对农业生产"量产"的过分关注导致许多不当的生产行为，这为后期环境问题的凸显埋下隐患，如"六六六"、DDT 等高毒农药的使用在杀死害虫的同时也在环境和人畜体内造成累积；化肥的过量使用导致土壤板结化及水体富营养化。20 世纪 80 年代，据卫生部提供的数据，中国 16 个省区市 7000 多份农畜产品检验中，50% 以上含有高残留农药"六六六"（郭士勤，1981）。1998 年，第二次污水灌区环境状况普查显示，20 世纪 80 年代开始的农田污水灌溉虽然缓解了当年的水资源压力，但大量未加处置的工业污水进入农田，对土壤、地下水及农作物造成了极大的安全隐患。

中国农业面源污染治理举措在这个阶段开始起步，严格来说，我国农业面源污染管理工作是从20世纪80年代才真正开始的。1979年颁布的《中华人民共和国环境保护法（试行）》是中国第一部关于保护环境和自然资源、防治污染和其他公害的综合性法律，其中第21条，提出积极发展高效、低毒、低残留农药，防止土壤和作物的污染，这是最早涉及农业面源污染的官方文件。1989年颁布的《中华人民共和国环境保护法》明确规定“加强农村环境保护、防治生态破坏，合理使用农药、化肥等农业生产投入”，同时规定“国务院环境保护行政主管部门，对全国环境保护工作实施统一监督管理”。但由于环境污染治理起步晚，很多省份并没有专门的农业面源污染管理机构，全国也并未形成自上而下的完整的农业面源污染管理体系。农业面源污染治理处于集权又涣散的状态。

二、治理起步阶段的权力下放

1990～2000年为治理权力下放阶段。20世纪90年代是农业面源污染问题集中显现的时期，化肥、农药、地膜的使用量迅速上升，湖泊富营养化情况也开始显现。与此同时，也就是在20世纪80年代后期，公共事务治理中的政府失灵问题开始得到关注，环境领域研究中，越来越多的学者提倡放权，即环境的保护与治理从中央政府主导转移到地方政府自治。

这一阶段农业面源污染防治相关政策较多，如1997年《中华人民共和国农药管理条例》指出，县级以上各级人民政府农业行政主管部门应当加强对安全、合理使用农药的指导。这实质是污染监管权限的下放，但并没有专门的污染治理机构。1998年《基本农田保护条例》再次强调农业生产者应对其经营的基本农田合理施用化肥和农药，同时要求县级以上政府将基本农田保护工作纳入国民经济和社会发展计划。较为有针对性的政策是1999年国家环境保护总局印发的《国家环境保护总局关于加强农村生态环境保护工作的若干意见》，这是我国第一个直接针对农村污染防治和生态保护的政策，提出农业生产污染防治是农村生态环境保护的主要任务，要加强县级生态环境保护机构和生态保护能力建设，并将农村生态环境规制进一步延伸到村镇层级，提出各级环境保护部门应编制村镇环境规划。这一时期在农地、农业用水、生物资源等方面制定了专门法规，16 个省和 100 多个地县先后出台了农业环境保护条例（高怀友和陈勇，1999）。农业面源污染治理开始分权化。

三、确定属地原则下的分权治理

2000～2014 年为确定属地原则下的分权治理阶段。进入 21 世纪以来，工业和城市污染点源污染排放逐步得到有效治理，农业排放污染的破坏效应日益显现，农业成为无法忽视的污染源。农用化学投入品，如化肥、农药、农用薄膜等以及农业生产废弃物对环境造成的污染和安全问题越来越严重。

2001 年，国家环境保护总局制定的《国家环境保护“十五”计划》把控制农业面源污染作为农村环境保护的重要任务之一，强调要防止不合理施用化肥、农药、农膜带来的化学污染和面源污染。2006 年，国家环境保护总局发布的《国家农村小康环保行动计划》提出指导农民合理使用农药、化肥、农膜等农用化学品，积极发展生态农业；加强以县负责为主的农村环境管理体系建设，加强农村环境保护能力建设。2007 年，国务院办公厅转发的《关于加强农村环境保护工作的意见》提出综合采取技术、工程措施，控制农业面源污染，各级政府应发挥主导作用，落实责任，结合各地自然生态环境条件和经济社会发展水平，采取不同的生态保护对策和措施。实际上，在 2011 年《国民经济和社会发展第十二个五年规划纲要》发布之前，农业面源污染并没有纳入总体规划的约束性减排范围。“十二五”再次明确把治理农业面源污染作为农村环境综合整治的重点领域，要求 2015 年农业化学需氧量、二氧化硫排放量相比 2010 年下降 8%，氨氮和氮氧化物下降 10%，这是国家规划中首次对农业面源污染排放做出具体的约束性规定。政府环境保护及科学发展的新理念带来了新的政策变化，制定出了更为严格的环境政策和法规。2014 年新修订的《中华人民共和国环境保护法》成为近期环境政策的新亮点。在农业污染源监测、农药、化肥污染防等方面作出了较全面的规定，指出各级政府及农业等有关部门和机构应当指导农业生产经营者科学种植、合理施用农药、化肥等农业投入品，科学处置农用薄膜等农业废弃物，防止农业面源污染，对农业污染问题的重视程度显著提高。同时明确县级人民政府应当提高农村环境保护公共服务水平，推动农村环境综合整治。这实际上确定了农业面源污染的属地管理原则。

四、集分权探索下的跨域联动治理

2015 年至今为集分权探索下的跨域联动治理阶段。2015 年农业部发展计划司下发的《全国农业可持续发展规划（2015—2030 年）》中，提出应落实农业资源保护等各类法律法规，加强跨行政区资源环境合作执法和部门联动执法防治农业面源污染。这是对联动治理的初步探索。2015 年国家发改委等七部门联合印发的《农业环境突出问题治理总体规划（2014—2018 年）》侧重试点示范，积极探索流域农业面源污染防治有效治理模式和运行机制。

但“河长制”、浙江省“五水共治”等跨域联动规制并未能获得预期的效果。实际上，2017 年农业部印发的《农业资源与生态环境保护工程“十三五”规划》中提出，在重要敏感流域应以县为单位开展农业面源污染综合治理工程建设，这是县域层面加强农业面源污染治理的探索。而且从全球层面来看，20 世纪以来，即使是在不断加强中央权力的英国，也愈发重视地方和基层治理，其重要原因是地方性事物日益增多，基层政府与有效治理的关联性愈来愈强。某种意义上或可以说，县域规制是农业面源污染有效治理的内在逻辑。图 3 –8 呈现了农业面源污染县域规制的概念框架。县域规制的实现需要在研究县域农业面源污染宏观微观影响因素的基础上确定规制情境，并将规制情境与规制工具相拟合，构建县域规制机制，同时，设计相关配套机制，保障规制机制的运行，最终实现农业面源污染县域规制，这亦是下面章节将要研究的内容。

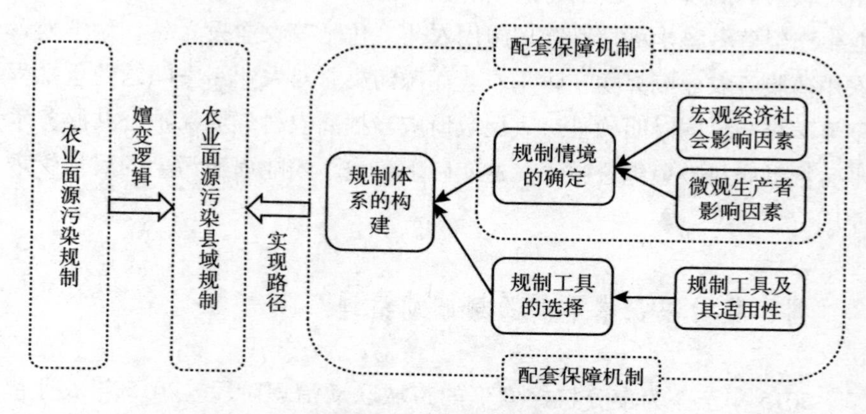

图 3-8　农业面源污染县域规制的概念框架

资料来源：作者根据相关内容自行整理绘制。

第四节　本章小结

本章先描绘了中国农业面源污染污染源的总体态势，相关数据显示，在“零增长”政策的引导下，中国近几年化肥、农药和地膜的使用在增速上均放缓，甚至部分地区出现下降，但施用总量仍然处于高位；农用化学品不合理施用的省份主要位于农业大省，且在地域分布上呈现由东向西递减，这种地理分布是对差异化管理政策的呼吁，为下面县域层面的分析提供了可能性。研究认为，中国农业面源污染形成有三个方面的原因，首先，在农业发展史视角下，农业经历了“刀耕火种”的原始农业、“精耕细作”的循环农业以及“粗放增长”的化学农业三个阶段，农业面源污染不是农业生产的必然结果和内生属性，而是农业发展到化学农业阶段的外部性产物；其次，中国农地产权不完整、产权持续期限不稳定以及产权土地发展权缺失等产权强度问题是中国农业面源污染的制度障碍；最后，农业面源污染是农户在规避农业风险中的理性选择，这意味着仅以道德或者法律等手段规制农业面源污染往往是难以奏效的。

然后，本章从集分权的角度分析了农业面源污染治理政策的演进，认为农业面源污染治理是一个螺旋式连续谱系，每一阶段都建立在对前一阶段质疑并回应的基础上，共同演绎了治理路径的嬗变逻辑。农业面源污染治理经历了 4 个阶段，即 20 世纪 70 年代末到 90 年代的笼统目标下的集权治理阶段、20 世纪 90 年代到 21 世纪的治理起步的权力下放阶段、21 世纪以来十余年的确定属地原则下的分权阶段以及近几年的集分权探索下的跨域联动治理阶段，而随着联合治理弊端的涌现，县域层面的治理或许是农业面源污染治理的有效路径之一。

第四章

宏观视角下县域农业面源污染影响因素测度

深入探究县域农业面源污染影响因素是提升县域农业面源污染规制路径，优化设计可行性和针对性的保障。近年来，空间计量经济学因能够较好地捕捉空间效应而受到学者们的青睐。空间计量模型构建的前提是研究对象具有空间依赖性，如果因为存在空间依赖性，忽略空间因素的计量回归模型就会导致有偏差；如果空间相关性不强，则可采用非空间计量模型。基于此，本章的研究思路是，先检验县域农业面源污染的空间相关影响及边界效应，后在此基础上构建县域农业面源污染影响因素估计模型，寻找影响县域农业面源污染的关键情境变量，为县域农业面源污染动态权变规制路径的优化设计做铺垫。

第一节　县域农业面源污染影响因素理论分析框架

一、县域农业面源污染空间影响因素及假设

农业面源污染在县域空间层面上是否存在“污染我们的邻居”？是否存在污染外溢现象？对该问题的回答影响着农业面源污染治理路径的选择。地理邻近带来的环境污染空间溢出效应（pollution spillovers）是指易

受污染的资源的流动性使得区域污染可以快速扩展至邻近地区甚至更远，表现为在空间上存在的一种相互传染的关系。并非所有污染都具备外溢属性。闫文娟和钟茂初（2012）构建模型分析后认为，污染公共物品分为外溢性污染物和非外溢性污染物，又根据外溢性不同，进一步将外溢性污染物分为“外溢性”（如废水等）及“全国覆盖性”（如空气等）两类，非外溢性一般指地方污染公共品（如固体废物等）。李香菊和刘浩（2016）根据外溢性属性将污染物细分为单向外溢性污染物、双向外溢性污染物以及非外溢性污染物。单向外溢性污染物是指两个不同的个体、区域排放污染物，其影响是单向的，典型例子是河流上下游的污染排放；双向外溢性污染物是指两个不同的个体、区域排放污染物能够互相影响，如二氧化硫等废气的排放；非外溢性污染物是指两个不同的个体、区域排放污染物不能互相影响，如固体废弃物的排放。上述研究普遍认为大气或水体污染物具有较强的外溢属性，而固体废弃物外溢性不明显。

虽然有文献尝试通过空间计量方法分析农业面源污染的时空分布，但深入研究农业面源污染溢出效应的文献仍较为匮乏。鲁庆尧和王树进（2015）构建了农业面源污染经济环境指数，用空间计量模型实证分析了省域之间经济环境指数具有较强的空间依赖作用和正的空间溢出效应，但并没有明确回答农业面源污染是否具有溢出效应。吴义根等（2017）基于省级面板数据利用探索性空间数据分析方法（exploratory spatial data analysis，ESDA）论证了农业面源污染的空间相关性，认为农业面源污染呈现高—高型集聚的区域主要位于农业大省，农业大省的空间溢出效应和扩散效应比较明显。解春艳等（2017）运用探索性空间数据分析方法分析了互联网发展水平与农业面源污染的空间关联性，认为互联网发展水平与农业面源污染均存在显著的空间自相关性。

上一章对县域农业面源污染的综合评价结果显示，2000～2016年县域农业面源污染整体在逐步加重，不同时期县域农业面源污染有一定差异且空间分布呈现不均衡特性，其中是否存在某种隐含联系，需要进一步的检验。如果将面源污染仅仅视为水体污染，那么根据上述研究似乎敲定了农业面源污染的外溢属性。但随着污染研究的深入，学界及实务界已经普遍认为农业面源污染表现为空气、水、土壤的立体式污染，在这种情况下，农业面源污染是否还具有外溢属性？实际上，认为农业面源污染具有空间溢出性似乎具有充分的理由，因为中国土地资源丰富，土地类型多样，区域性特征明显，临近地区的土壤结构和质量相似，技术、经济水平差距较小，农业生产要素具有一定的同质性。然而，如不考虑农业面源污染不同于其他环境问题的特殊性，直接认定为外溢性污染，这将在一定程度上影响政府的污染治理效度。2014 年新修订的《中华人民共和国环境保护法》确定了环境管控的属地管理原则，在属地管理原则基础上衍生的跨域合作治理的特殊体制源于治理对象的跨区域、多目标等特殊性，并基于治理对象具有外溢属性这样一种假设。然而，奥茨（Oates，1998）在探讨欧盟地区的环境政策时，曾认为在没有跨行政管辖区的环境溢出效应的情况下，分散的环境管理将是一个强有力的治理举措。换句话说，如果环境不存在溢出效应，那么分散的区域治理更为有效。将视角转向县域农业面源污染治理，或可以认为，如果农业面源污染具有外溢属性，跨域联合治理就是可取的；否则，县域属地治理是有效的。为此，本书提出第一个假设。

假设 1：县域农业面源污染存在一定的空间正自相关性，即某一区域的数值越大（小），其周边地区的相应数值也越大（小）。

县域农业面源污染的另一个可能的空间因素是边界效应，如果位于省际边界的县农业面源污染程度高于非省域边界的县，那么县域属地治理是必要的；否则，跨域联合治理或省域属地治理更为有效。为此提出第二个假设。

假设 2：农业面源污染存在“边界效应”，即在于省际行政边界的县农业面源污染程度要显著高于处于省际行政区内部的县。

二、县域农业面源污染经济社会影响因素理论分析与研究假设

埃里奇和霍尔德伦（Ehrlich and Holdren，1971）将人类对环境的

影响概念化，提出了IPAT模型，将环境影响（environmental impact）视为人口规模（population）、富裕度（affluence，指国家或地区的宏观经济运行状况）和技术（technology，支持富裕水平的特定技术）三者的函数，以此分析引起地区环境质量变动的因素。格罗斯曼和克鲁格（Grossman and Krueger，1991）构建了经典环境效应分析框架，认为地区环境质量的影响因素可以分解为三类，即规模、技术和结构，经济发展伴随着经济规模的扩大与资源需求的增加给环境带来压力；环境保护技术的进步对环境产生正效应，产业结构的调整也可以减少污染排放，改善环境质量，这三个因素交织在一起最终影响环境质量。上述两种模型均得到了广泛的应用。

在IPAT模型和经典环境效应模型中，规模分别指代人口规模和经济规模。在农业面源污染范畴下，人口规模因素是指农村人口，即农民，而农民是农业经济活动的主体，其消费和生产活动将会给农业面源污染带来压力。葛继红等（2011）认为人口因素与农业面源污染呈正相关关系。在其他条件不变的情况下，农业生产规模扩大，农业对农药、化肥等农用化学品的需求就会加大，农业面源污染的潜在可能性增强，正如戴尔（Dale，1998）的研究所述，在地区产业结构及技术水平不变的情况下，经济规模越大，消耗的资源及产生的污染也将更多。富裕度的高低影响着人们生产生活方式的选择，影响土地使用方式、农业生产经营方式、管理水平，对农业面源污染排放的影响不容忽视。许多国家的经验表明，技术应用带来的资源浪费和环境破坏，最终还需要科技进步来解决。技术效应是指农业技术进步、农用化学品投入方式的改进等最终会对农业环境质量产生影响。一般情况下，在经济发展水平较低时，技术进步会提高经济活动产出水平和对能源的需求，进而增加污染的风险；但随着经济发展，低效高污染的技术将逐渐被高效低污染的技术所淘汰，因此，总体而言，技术进步和环境污染呈负相关关系。对农业而言，技术进步主要通过产生新的生产资料进行要素替代（如使用有机肥）、改变农业生产方式（如新型栽培技术的推广）、产生新的管理方式（如家庭农场或合作社式经营）以及提供环境友好型生产技术

（如测土配方施肥等）等对农业面源污染物排放量产生影响。农业技术的提升本意为优化农业增长方式和产业结构，但不能否认部分技术给社会带来了农业面源污染，如施用化肥可以促进农业增长、保障粮食安全，但滥用也造成了农业面源污染物排放量的增加。结构通常指产业内部各部门各行业之间的关系，其变动或调整会带来环境污染程度的波动。具体来讲，当污染密集型部门或行业所占比重上升或发展速度加快时，环境污染将加重；反之，环境状况将趋向良好。农业结构既是指农业在国民经济中的比重，又包含广义农业内部的农、林、牧、渔比重结构以及狭义农业，即种植业内粮食作物与经济作物在农作物种植中的比例关系。就农业面源污染而言，种植业中使用的农药、化肥等在农业生产过程中污染物排放量也较多。曾琳琳等（2019）基于中国30个省份1990～2016年的面板数据考察了农业种植结构对农业面源污染的影响，认为非优势作物多样性每增加1个单位，农业面源污染将增加1.3%，区域优势作物多样性每增加1个单位，农业面源污染将减少1.5%。

此外，农业政策的变动会带来农业面源污染波动。李谷成（2014）曾认为农业绿色生产率变化与农业政策及宏观经济环境存在高度相关性。2000年以来，中国农业政策开始向“多予、少取、放活”转变，如全面取消在中国历史上延续2600多年的农业税，建立以高质量绿色发展为导向的新型农业补贴制度，稳定和完善土地承包制度，改革重要农产品收储制度，建立健全城乡融合发展体制机制和政策体系等。政策的推行是农业面源污染变化的重要变量之一。

基于以上分析，本书尝试构建农业面源污染影响因素模型，其方程形式如下：

$$\begin{aligned} ANP_i = &\alpha_0 + \alpha_1 PD_i + \alpha_2 AM_i + \alpha_3 AS_i + \alpha_4 PCDI_i + \\ &\alpha_5 AL_i + \alpha_6 PGDP_i + \alpha_7 PHGO_i + \mu_i \end{aligned} \tag{4-1}$$

式（4-1）中，ANP代表该县域农业面源污染；PD为人口因素；AM为农业机械化；AS为农业经济规模，PCDI为农民富裕度；AL为农业劳动力相关因素，主要呈现农村劳动力中从事农业生产的比率，反映农村劳动力流失的影响；PGDP表示区域经济发展水平；PHGO表示土地收获率或土地生产能力；μ 表示未被观测到的随机干扰项。

第二节　研究样本及数据

一、县域分异与研究样本的选择

影响农业面源污染的因素主要有地形地貌、土地利用、土壤类型、种植结构等，接下来的研究将在分析县域分异现状的基础上选取合适的测算方法量化县域农业面源污染。

（一）县域地貌类型分异

据民政部《2019 年民政事业发展统计公报》，截至 2019 年底，中国共有 2846 个县级行政单位（由于港澳台地区与中国大陆的行政体制不同，故不再统计入内）。以县内比例最大的地貌类型确定为该县域的地貌分类类型，将县域分为山地县、丘陵县和平原县①。从数量来看，山地县比重较大，共计 1522 个，占全部县的 53.50%；平原县共 981 个，占 34.48%；丘陵县占比相对较小，共计 343 个，仅为 12.05%；从面积来看，山地县面积约占全国总面积的 55.93%，平原县面积占 37.89%，丘陵县面积仅占 6.18%。

（二）县域耕地面积占比分异

在县域分类基础上，有必要进一步了解耕地面积占县域行政面积的比重。据《中国县域统计年鉴（县市卷）—2018》相关数据显示，胡焕庸线以西的县域耕地面积占比多处于 10% 以下，以东的县域耕地资

① 平原县、山区县、丘陵县的划分以《中国县（市）社会经济统计年鉴（2012）》中的划分为依据。

源较为丰富。具体来说，就山地县而言，耕地面积总体占比不高，其中，中国西部、东北最北部山地县耕地面积比例较低，约在10%以下；东南地区山地县耕地面积比例占10%～20%不等，云贵高原山地县耕地面积比例稍高，在20%～30%之间。四川盆地附近的丘陵县耕地面积比例约为30%～50%，江南丘陵地区的丘陵县耕地面积比例较高，在50%以上。从平原县的分布来看，东北平原和华北平原一带的平原县耕地资源丰富，面积占比均在50%以上。

（三）基于种植业区划的县域分异

较多研究已证实，农业尤其是种植业发展方式与农业面源污染之间存在高度相关性，如，经济作物在种植业中比重的提高会在一定程度上加重农业面源污染。因而，了解中国种植业分布状况对测算农业面源污染尤为重要。1982年，中国农业科学院提出的中国种植业区划是目前最为权威的种植业区划[①]，这一区划既考虑了发展种植业的自然条件和社会经济条件的一致性，又考虑了作物结构、布局和种植制度等特点的相对一致性，以及种植业发展方向和关键措施等的相对一致性，最为关键的是，该区划保持了县级行政区界的完整性，这对本书具有重要的参考意义。

（四）样本县域的选择

本书以县域行政单元为研究对象，考虑到数据可得性及样本代表性，择取安徽、甘肃、河北、吉林、江苏、河南、陕西、浙江8个省份中561个县级行政单位（包括县级市，不包括市辖区）作为研究样本，详细县域列表见本书附录一。本书所采纳样本县包含各种典型地势地貌类型及种植业区划类型，且分布相对均匀（见图4－1）。

① 十个分区分别为：东北大豆春麦玉米甜菜区、北部高原小杂粮甜菜区、黄淮海棉麦油烟果区、长江中下游稻棉油桑茶区、南方丘陵双季稻茶柑桔区、华南双季稻热带作物甘蔗区、川陕盆地稻玉米薯类柑桔桑区、云贵高原稻玉米烟草区、西北绿洲麦棉甜菜葡萄区、青藏高原青稞小麦油菜区。

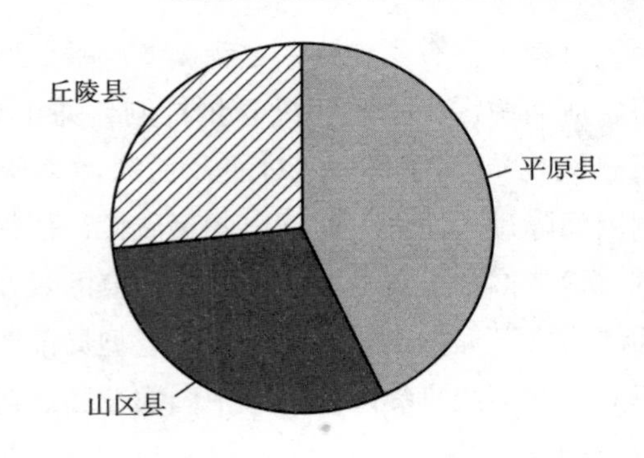

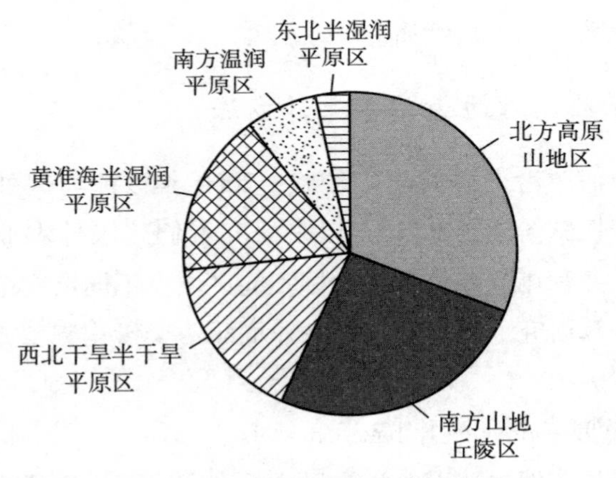

图4－1　样本县域基本统计特征

资料来源：作者根据相关数据自行绘制。

二、县域农业面源污染测算方法的确定与研究数据的获取

农业面源污染测算量化是管控农业面源污染的基础和关键，也是研究工作的逻辑起点和不可回避的重要内容，然而农业面源污染的不确定性、随机性及不易察觉性导致其难以测算和客观评价。一方面，不同于通过排污口排放的点源污染，农业面源污染排放点不固定且排放具有间歇性，其污染物质来自大面积且无法明确识别的污染源；另一方面，由于农作物类型、土壤结构、气候、地质地貌以及降水等复杂因素的作用，农业面源污染表现为随机排放；而且污染物质对水体、土壤和空气

的侵蚀是一个缓慢过程，只有累加到一定程度才会被观察到。中国环境管理部门已经将农业面源污染纳入污染总量控制，并于 2007 年和 2017 年先后两次进行全国污染源普查，这对农业面源污染研究有着重大意义，但普查数据因间隔过长而失于时间上的延展性，使得无法认知农业面源污染的全貌。学者们基于流域或省域层面核算的农业面源污染排放数据，为农业面源污染研究做出了贡献，但斑点型局部数据因测算方法或衡量指标的不同，并不能直接加总用于中国农业面源污染排放量的量化，接下来将致力于寻求县域农业面源污染量化，以了解县域污染分异状况并将量化数据用于后续研究。

（一）农业面源污染常用测算方法

中国农业面源污染研究起步较晚，2000 年以前与国外交流相对偏少，总体处于探索阶段，2000 年以来研究者们将国外农业面源污染模型引进中国，并利用这些模型在中国不同区域、不同尺度范围内开展了大量的应用测算研究。目前常用的农业面源污染量化测度方法主要有以下三种。

1. 物理模型（physically based models）

物理模型是依据农业面源污染形成的内在机理构建数学模型模拟污染物（氮、磷、农药、悬浮物等）及其迁移转化过程来计算农业面源污染负荷的方法，是目前农业面源污染研究的重要手段之一，它可用来确定面源污染物的类型及流量负荷等。物理模型在国外农业面源污染负荷计算方法中占据主导地位。阿杜（Adu，2018）总结了当前国际上常用的面源污染物理模型，包括农业非点源污染模型（agricultural non-point source，AGNPS）、区域性流域环境非点源响应模拟模型（areal non-point source watershed environment response simulation，ANSWERS）、流域水文模拟模型（hydrological simulation program-fortran，HSPF）、农业管理系统中的化学径流和侵蚀模型（chemicals runoff and erosion from agricultural management systems，CREAMS）、农村流域水资源模拟模型（the simulator for water resources in rural basins，SWRRB）、土壤和水评估工具模型（soil and water assessment tool，SWAT）等。国内广泛采用的物理模型大多来自美国。其中SWAT模型是目前国内应用最广泛的物理模型，这主要是因为其过程明晰，具有良好的可移植性，能够获得较理想的计算结果。但由于其对研究尺度较为敏感，国内利用该模型的研究区域多以中小型流域为主，如张展羽等（2013）对长江下游岔河小流域的研究，宋林旭等（2013）对三峡库区香溪河流域的研究，胡文慧等（2013）对山西汾河灌区的研究，付意成等（2016）对辽宁省东部浑太河流域的研究等。在应用过程中，国内一些研究者开始尝试对国外模型进行改进，如桑学锋等（2008）针对人类活动的流域水循环特点，以SWAT分布式水文模型为基础，开发和改进了灌溉和人工耗用水模块，构建了二元水循环模型。杨胜天（Yang，2011）等将SWAT模型与新安江模型耦合后对海南松涛流域的农业面源污染情况进行模拟；谢先红和崔远来（Xie and Cui，2011）以水稻种植区为例，结合新的灌溉和排水流程，改进了SWAT框架；赖正清等（2013）提出了增加地下水下渗过程的SWAT模型修改方案；姜婧婧和杜鹏飞（2019）提出了基于数字高程模型（DEM）预处理和SWAT模型自动与自定义划分方法联用的改进方法。

2. 统计模型（statistic models）

统计模型也称为实证模型（empirically based models），其通过回归分析构建农业面源污染负荷变化和降雨、径流变化之间的相关关系来估算农业面源污染。此类模型较适用于降雨、径流量和污染负荷之间，主要表现为线性或者简单的非线性关系的内部结构单一的小流域。不同于物理模型，统计模型不考虑污染的迁移转化，因而无法从机理上对计算公式进行解释，这在一定程度上降低了模型的普适性和信服力。统计模型的代表是平均浓度法，该方法不需要长时期的水文、水质监测数据，这也正符合我国非点源污染监测资料缺乏的事实，平均浓度法就是根据有限的检测资料估算流域面源污染负荷量。李怀恩（2000）将平均浓度法用于预测多年平均或特殊年份的面源污染负荷。刘洁等（2014）将水文研究中径流自动分割的技术方法，即滤波平滑最小值法与平均浓度法相结合，以期为在有限资料条件下估算河流非点源负荷贡献率提供一种可行的技术手段。不少研究者应用神经网络和灰色关联分析法等实证模型对农业面源污染展开探索性研究，如李家科等（2011）构建了面源污染负荷多变量灰色神经网络预测模型，该模型综合了灰色理论和神经网络的优点，对资料要求较少且模拟精度高，能够为有限资料条件下非点源污染负荷的预测提供支持。

3. 输出系数模型（export coefficient model，ECM）

输出系数模型是国内外应用较多的经典的农业面源污染核算经验模型。其于20世纪70年代初期在美国、加拿大首先提出，基本思路是利用相对容易得到的每个污染单元（如人、畜禽或单位土地面积等）数据，通过多元线性相关分析，建立污染单元与面源污染输出之间的关系，计算污染物输出量，然后累加不同单元污染源类型的污染负荷，估算研究范围内面源污染的潜在产生量。这是一种集总式的简便面源污染负荷估算方法。虽然该模型忽略了复杂的面源污染迁移转化过程，但其优势在于运算简便，对数据要求低，可以避开物理模型模拟所需大量数据资料支撑的问题，且鲁棒性强，这些特性使其在国内得到广泛应用。输出系数模型的计算区域，既可以是边界明确的流域，如任玮等（2015）对云南宝象河流域面源污染负荷研究，李娜等（2016）对长春市水源地新立城水库汇水区的估算，杨彦业等（2015）对三峡库区重庆段的估算以及张立坤等对呼兰河流域的非点源污染的风险分析等。输出系数模型的计算区域也可以是不同等级的行政单元，如刘亚琼等（2011）对北京地区农业面源污染进行了估算，叶延琼等（2013）将GIS与ECM模型结合分析了广东省的农业面源污染状况等。可以说，ECM研究在不同的时空尺度从中小尺度到大尺度方面均具有较好的适用性。2007年的全国污染源调查中农业面源污染的调查方法也是基于输出系数模型建立的。研究者或基于原模型，或基于改进模型进行研究，使之能更好地适应研究区域的实际情况。其中，赖斯芸等（2004）提出的单元调查法应用较为广泛，其核心是识别调查单元和确定单元评估系数。

此外，还有部分研究者寻求相应的指标替代法，如利用化肥施用密度指标（单位面积内化肥施用量）作为代理变量来指代农业面源污染，或用氮、磷素的盈余量来表示农业活动对农业环境的污染程度。该类方法不考虑农业面源污染产生和排放的中间过程，根据试验和调查获取的数据直接估算面源污染负荷，忽略了生态环境及管理能力对农业面源污染的真实影响，因而其核算结果的客观性受到质疑。在应用过程中，研究者亦尝试对国外测算模型进行改进和耦合，以提高其适用性。沈珍瑶（Shen，2012）对中国当前农业面源污染测算技术进行综述并分析了各种方法的优缺点，认为测算建模方法大多直接来源于发达国家特别是美国，虽然这些模型被广为认可，但可能不适用于中国的实际情况，并建议消化吸收国外的农业面源污染模型、修改相关工艺以及使用具有中国特色的相关关键参数，这也是我国将来农业面源污染测算研究的方向。

（二）农业面源污染测算结果的不确定性

前面提到，在测算不同等级行政单元以及较长时间的农业面源污染时，常采用输出系数模型。2007 年，由中国环境保护部、国家统计局及农业部联合组织的第一次全国污染源普查是农业面源污染首次进入官方统计，其非点源污染负荷的调查方法就是基于输出系数模型建立的。在该次普查中，农业源（不包括农村生活源）化学需氧量（以下称 COD）为 1324.09 万吨，总氮（以下称 TN）流失量为 270.46 万吨，总磷（以下称 TP）流失量为 28.47 万吨。种植业地膜残留量 12.10 万吨，地膜回收率 80.3%。但学者们的农业面源污染测算数据与普查数据相差甚大，如李兆亮（2016）核算了中国农业农村污染总排放量，其中 2007 年的数值为 4147.28 万吨，这与普查数据有较大的出入。李兆亮采用的清单分析法是国内学者较常用的农业面源污染核算方法。但学界使用该方法的测算结果并不一致。赖斯芸等（2004）最早提出单元调查法并将其用于评估非点源污染，通过估算得出 2001 年中国农业非点源 COD、TN、TP 的产生总量分别为 9421.17 万吨、4692.65 万吨、914.31 万吨，文中并没有测算排放量。此后，陈敏鹏等（2006）采用清单分析法对农业面源污染进行研究，测算出 2003 年中国农业和农村污染 COD、TN 和 TP 的产生量分别为 66317 万吨、5312 万吨、1294 万吨；排放量则分别为 404.2 万吨、547.7 万吨、66.1 万吨。单 COD 产生量的数值，在两年内就相差达 7.04 倍之多，这显然无法做出合理解释。而梁流涛等（2010）利用清单分析方法的思路对农业面源污染进行核算，结果显示，2003 年中国农业面源污染 COD 排放量为 608.48 万吨，总氮排放总量为 685.45 万吨，总磷排放总量为 86.44 万吨，这与陈敏鹏测算的数据有较大出入。梁流涛测算 2007 年中国农业面源污染 COD 排放量为 582.77 万吨，总氮排放总量为 725.33 万吨，总磷排放总量为 94.06 万吨，这与第一次全国污染源普查数据亦不一致；马国霞等（2012）计算出 2007 年中国农业面源污染的污染物总排放量为 1057 万吨，其中 COD 排放量为 825.9 万吨，总氮为 187.2 万吨，总磷为 21.6 万吨，与梁流涛的测算数值和第一次全国污染源普查数据均有出入。事实上，已经有学者如翁格利（Ongley，2010）关注到中国面源污染核算研究的不确定性问题，并认为核算结果总体偏高。

农业面源污染过程复杂且具有高度的时空变异性是污染估算不确定产生的主要原因，除了其自身因素外，导致农业面源污染测算不确定的原因还包括权威界定的缺乏、产排污混淆以及农业管理方式的差异忽略等。

1. 农业面源污染源界定的多样性

针对农业面源污染的污染源问题，实务界和学术界尚未达成一致意见，本书查阅资料后，整理了农业面源污染源的不同观点及代表作者，如表 4-1 所示，可以看出，化肥施撒会导致农业面源污染这一观点并没有太大争议，观点的差异性主要表现在以下方面。

首先，农药地膜是否应该计入农业面源污染？2007 年，第一次全国污染源普查中，农药和地膜同化肥均被列入农业面源污染污染源进行核算。近些年国家的相关政策文件中，也一直将农药地膜导致的生态损害计入农业面源污染，如 2011 年发布的《国民经济和社会发展第十二个五年规划纲要》明确提出“治理农药、化肥和农膜等面源污染”；

表 4-1　农业面源污染源辨识的主要观点

	农业种植		禽畜养殖	农田固体废弃物	农村生活	水产养殖	代表作者
	农田化肥	农药地膜					
观点 1	√		√	√	√		赖斯芸等，2004；陈敏鹏等，2006；梁流涛等，2010；等
观点 2	√		√	√	√	√	李兆亮等，2016；等
观点 3	√		√	√		√	李谷成，2014；吴义根等，2017；等
观点 4	√	√	√			√	Bhattacharya 等，2003；李昊等，2018；许咏梅等，2018；等
观点 5	√		√		√		肖新成，2015；宋大平等，2018；唐肖阳，2018；等
观点 6	√		√	√	√	√	葛继红等，2011；陆尤尤等，2012；等
观点 7	√		√		√	√	熊昭昭等，2018；吴超雄，2012；等
观点 8	√		√	√			虞慧怡，2015；等
……							

资料来源：此表内容为作者查阅文献后自行整理绘制。

2015 年农业部发布的《到 2020 年农药使用量零增长行动方案》中提到"实施农药减量控害，……，减轻农业面源污染"，这实质上就是将农药、地膜污染归入农业面源污染。学术界部分学者认可农药、地膜为农业面源污染源，如巴塔查亚（Bhattacharya，2003）等认为残留于土壤中的农药能持久存在且缓慢分解，最终形成污染源；李昊等（2018）认为农药的不合理施用所引起的食品安全和农业面源污染已成为世界范围内的重要议题，在中国尤为严重；许咏梅等（2018）认为农用地膜残留在耕地土壤中的碎片是中国北方地区主要的面源污染问题之一。然而正如表 4-1 所示，大多数研究并没有将农药、地膜计入农业面源污染。有学者将之归因于在各污染源中农药、地膜对主要排放污染物的贡献率较低（虞慧怡等，2015）。本书认为农药、地膜作为当前农业生产中重要的物资投入要素，其外部性污染不应被忽视。另外，农村生活产污染单元是否应该计入农业面源污染？将农村生活污染计入农业面源污染的研究不在少数。本书认为农村生活污染不属于农业面源污染。这在前面的研究中已经做过分析（见第二章第一节），此处不再赘述。最后，禽畜和水产养殖是否应计入农业面源污染？部分研究者在研究工作中将禽畜养殖计入农业面源污染，部分学者将水产养殖污染亦计入农业面源污染。本书认为禽畜和水产养殖不宜计入农业面源污染，理由已经在前文分析中列出（见第二章第一节）。

农业面源污染源缺乏统一的、权威的规范与清晰的界定这一问题导致不同研究者对农业面源污染有着不同的理解和界定标准，这增加了测算的不确定性，降低了测算结果的可靠性、可比性及可用性。

2. 产排污混淆导致的测算偏差

工业排放的污染物多为生产废弃物，而农业生产排放的非点源污染物本质上是以氮、磷的各种形态出现的富余营养资源，其进入环境的过程具有间接性，未被有效利用的面源污染物一般会先滞留在土壤中，造成土壤板结等物理性状改变，然后随降雨径流进入水体。由于土壤的吸收及迁移过程中的污染降解，面源污染物只有一部分会导致污染。因此，农业面源污染有污染物产生量和污染物排放量之分。污染源产生的污染量是产污量，产污量经不同渠道进入土壤或水体的污染量才是排污量，不同情境下流失系数、排污系数的存在导致产污量和排污量会有很大差别。

3. 忽略污染生成环境差异的估算不确定性

国内常用的面源污染负荷计算方法多源自美国，其建模思路及所依托的各种监测数据大部分是在北美地区的水文、气象和环境条件下获得，因此，此类模型运行技术未必能适应中国的环境特点。尽管很多研究者在应用过程中做出了改进，但改进后模型在实践层面的接受度并不高。以分布式水文模型 SWAT 为例，SWAT 模型通过刻画流域水文循环的物理、化学和生物过程来模拟和预测长期连续时间段内环境变化与管理措施对大面积复杂流域的水、沉积物和营养物输出的影响。空间异质性的存在降低了SWAT模型模拟精度。不同于北美农业区大农场经营方式，中国农田碎片化的农户经营模式典型特征是农地的条块分割，田埂的存在实质上是人为阻隔污染源与受纳水体间的联系，一定程度上减少了污染物能够进入水体的量，如果不考虑这一事实直接模拟测算，其测算出的面源污染负荷量将会偏高。

（三）县域农业面源污染系数及其核算

由于农业面源污染的来源多样性、机理复杂性以及污染发生的随机性、污染负荷的时空差异性、排放途径及排放污染物的不确定性等，农业面源污染核算困难；又由于农业面源污染界定的缺乏、产排污混淆以及污染生成环境差异，农业面源污染测算具有不确定性，有学者尝试应用压力—状态—响应模型（pressure-state-sesponse，PSR）对农业面源污染进行评估，该模型是由联合国经合组织（organization for economic co-operation and development，DECD）、联合国环境规划署（united nations environment programme，UNEP）共同提出的环境概念模型。根据这一模型，环境问题可以由压力（人类活动给环境造成的负荷）、状态（环境质量、自然资源与生态系统的状况）、响应（针对环境问题所采取的对策与措施）这三个不同但又相互联系的指标类型来表达。依据上述概念，不难给出农业面源污染系统的PSR模型，农业面源污染的排放量为“压力”；由农业面源污染排放引起的水质变化为“状态”；人类为治理农业面源污染而采取的行动为“响应”。如陈玉成等（2008）基于国土等排放系数的压力态势和水质指数的响应态势对重庆市农业面源污染进行了源解析及评价；杨志敏等（2011）通过调查统计与现场采样分析了三峡库区小流域农业面源污染的压力、状态和响应态势，对水环境质量做出评价；林雪原和荆延德（2015）基于“压力—状态—响应”机制对农业面源污染造成的综合水质进行评价；肖新成（2013）使用修正后的PSR模型——DPSIR框架对农业面源污染视角下的流域水资源安全进行了系统化评估。上述文献的共同特质在于，仅针对农业面源污染带来的水资源危害进行评价，而滞留于土壤及大气中的污染没有被评估在内。

县域农业面源污染系数是核算污染量、建立污染模型以及呈现面源污染演变的重要参数之一，其确定的合理性和可靠性直接关系到县域农业面源污染核算的正确与否，亦关系到后续研究的科学性和稳健性。近年来，国内学者确定污染系数主要通过文献查阅、野外监测、数学统计三个途径（侯西勇等，2010），其中，查阅文献是国内普遍采用的一种方法，如梁常德等（2007）在确定三峡库区污染物输出系数时，分别参照了施为光、黄真理、常娟以及史志华等学者的研究。查阅文献在一定程度上保证了农业面源污染系数科学合理性，但在权威性和实践性上则略有不足。

2007 年，国务院组织第一次全国污染源普查，其中农业污染源普查系数的确定以《第一次全国污染源普查——农业污染源肥料流失系数手册》（以下简称系数手册）为基础，系数手册综合考虑了农业面源污染的发生规律以及地形、气候、土壤、作物种类与布局、种植制度、耕作方式、灌排方式等主要影响因素，科学性毋庸置疑，且在 2007 年和 2017 年两次全国污染源源普查中使用，获得权威性认可，并在实测中得到检验。本书拟以此确定县域农业面源污染核算系数。

系数手册在种植区划基础上将各区域重新划分为南方湿润平原区、南方山地丘陵区、黄淮海半湿润平原区、北方高原山地区、东北半湿润平原区以及西北干旱半干旱平原区。在确定县域农业面源污染系数时，首先判断该县所处区域，然后判断县域地形地貌，即是否丘陵县、山地县或平原县，最后根据主要农作物确定农业面源污染系数，在该县作物种类较多的情况下，则取流失系数平均值作为该县的流失系数值；包含地表径流和地下溶淋两种类型的，则取其和值代表流失情况。县域农业面源污染量则可以通过流失系数与肥料施用量相乘项进行测算。

篇幅所限，本书仅以安徽省为例报告县域农业面源污染系数及污染量（见图 4 - 2）。研究未统计市辖区，这是因为市辖区第一产业占比低，城镇化水平高，虽然其亦属于县级行政单位，但考虑到本书主题为农业面源污染，市辖区数据相关度较低，因而未统计在内。安徽地处华东腹地，农业资源丰富，是中国重要的农产品生产基地和典型的农业大省，地形地貌多样复杂多样，平原、丘陵、山地分布均匀。本书共统计60个县域，包含6个县级市54个县，其中丘陵县13个，山区县15个，平原县32个[①]。从雷达图分布可以看出，受地形地貌及种植作物影响，农业面源污染导致的总氮、总磷流失在县域间高低落差明显；由系数测算出的农业面源污染量虽然也呈现了明显的分异特征，但并没有和污染系数的分异趋同，这表明农业面源污染还受到当地经济社会环境及农户的种植偏好等因素的影响。这种差异在一定程度上也从侧面印证了农业面源污染县域规制的必要性。

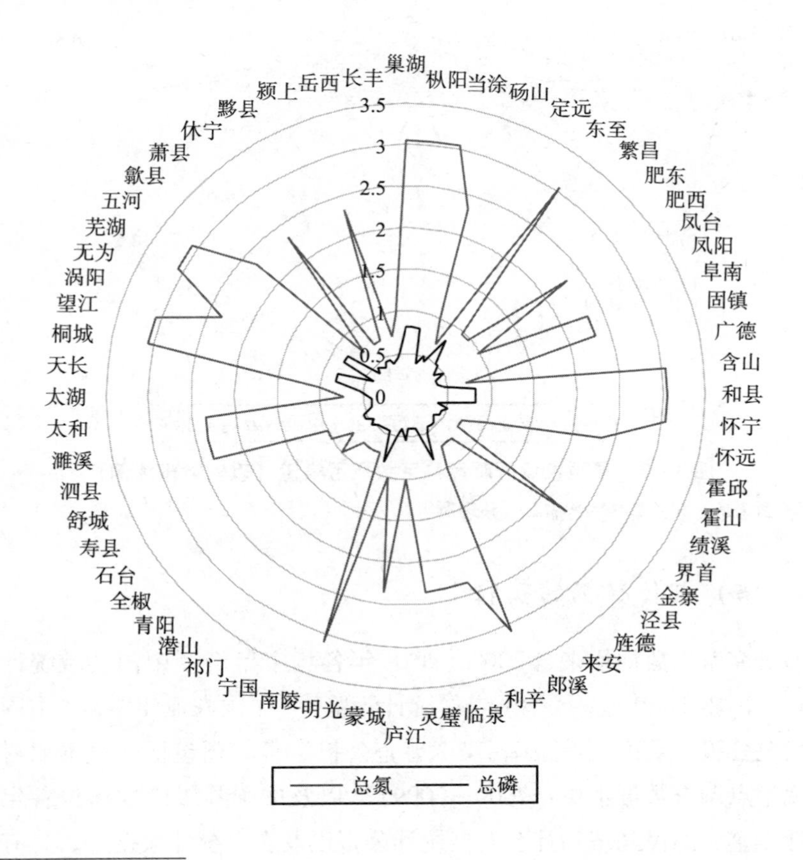

① 平原县、山区县、丘陵县的划分以《中国县（市）社会经济统计年鉴（2012）》中的划分为依据。

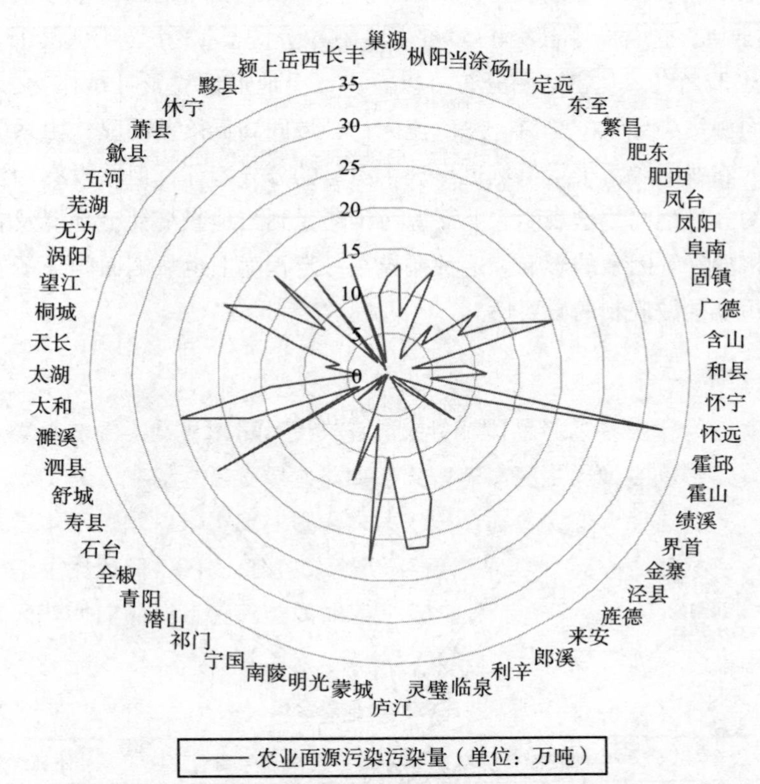

图 4-2　县域农业面源污染系数及污染量（以安徽省为例）

资料来源：相关数据为作者计算整理所得。

（四）其他数据的获取

研究所用数据均来自 2000～2018 年各相应年份《中国县域统计年鉴》《中国统计年鉴》《中国农村统计年鉴》《中国农业年鉴》《中国环境状况公报》《第一次全国污染源普查公报》等，还包括《全国农村固定观察点调查数据汇编：2000—2009》，以及中国县级区划单位各年份统计年鉴、国民经济和社会发展统计公报以及农业统计数据等，另有部分数据通过函询获得。数据库相关资源主要包括中国经济社会大数据研究平台（http：//data. cnki. net/）、国泰安 CSMAR 经济金融研究数据库

（http：//www. gtarsc. com）、中经网统计数据库（http：//tjk. cei. cn/）等事实性数据库。另有部分数据通过函询获得。

第三节　农业面源污染空间影响因素检验

一、空间相关性检验方法

由于受空间相互作用和空间扩散的影响，如果一个地区空间单元上的某种地理现象或某一属性值与其周围地区空间单元上同一现象或属性值是相关的，即可认为地区间存在空间效应。这种空间效应包括空间自相关（spatial autocorrelation）和空间差异性（spatial differences），前者指区域单元与邻近单元属性值的相关程度，后者指区域单位异质性产生的空间效应的区域差异。根据研究需要，本书仅进行空间自相关检验。莫兰指数（Moran's Ⅰ）是最常用来度量研究对象之间的空间相关性的重要指标。莫兰指数分为全局莫兰指数（global Moran's Ⅰ）和安瑟伦局部莫兰指数（anselin local Moran's Ⅰ）两种，前者是由澳大利亚统计学家莫兰（Moran，1950）提出的，后者是美国学者卢卡·安瑟林（Luc Anselin，1995）提出的。本书将分别用全局和局部莫兰指数对县域农业面源污染的空间格局进行探索，以把握农业面源污染的空间溢出和空间异常状况。计算公式如下（式4－2）：

$$\text{Moran's I} = \frac{\sum_{i=1}^{n}\sum_{j=1}^{n} w_{ij}(x_i - \bar{x})(x_j - \bar{x})}{S^2 \sum_{i=1}^{n}\sum_{j=1}^{n} w_{ij}} \tag{4-2}$$

其中，$S^2 = \frac{1}{n}\sum_{i=1}^{n}(X_i - \bar{X})^2$；$\bar{X} = \frac{1}{n}\sum_{i=1}^{n}X_i$；$X_i$ 为第 i 个区域的观察值，X_i 为观察量平均值，n 为区域单元数，w_{ij}为空间权重矩阵。空间权重矩阵选择基于地理邻接关系来构建，该方法用数值 0 和 1 分别表示空间单

元之间邻接与否，邻接为1，不邻接为0，这是刻画区域间相互作用关系的简便形式。Moran's Ⅰ取值范围介于 -1~1，大于0表示空间具有正自相关，此时为空间溢出；小于0表示空间负自相关，此时为空间集聚；接近于0表示空间分布是随机的，不具有相关性。

二、县域农业面源污染是否具有空间相关属性?

县域农业面源污染的测算结果显示，2000~2016年，县域农业面源污染整体在逐步加重，县域农业面源污染在不同年份有一定差异且空间分布呈现不均衡，其在空间上是否存在某种隐含联系，需要进一步的检验。将相关数值输入空间计量软件 ArcGIS10.2 中，计算县域农业面源污染的莫兰指数，计量结果如表4-2所示。

表4-2　2000~2016年中国县域农业面源污染全局自相关 Moran's Ⅰ

年份	Moran's Ⅰ	Z统计量	P值	年份	Moran's Ⅰ	Z统计量	P值
2000	0.054	1.246	0.203	2009	0.052	1.102	0.154
2001	0.043	1.506	0.137	2010	0.021	1.032	0.197
2002	0.079	1.655	0.097	2011	0.532	1.364	0.142
2003	0.109	2.143	0.042	2012	0.314	1.467	0.129
2004	0.021	1.382	0.130	2013	0.298	1.689	0.087
2005	0.210	1.671	0.093	2014	0.012	1.035	0.169
2006	0.059	1.065	0.187	2015	0.157	2.897	0.046
2007	0.365	1.689	0.089	2016	0.035	1.098	0.134
2008	0.068	0.984	0.321				

资料来源：此表内相关数据经 ArcGis 软件统计后由作者整理。

由表4-2中可以看出，样本期内的莫兰指数虽然都大于零，但数值普遍不高，似乎可以说明中国县域农业面源污染空间相关性低，空间依赖性低。当然，最终对是否具有空间自相关的判断还应结合 P 值和 Z 得分。从 Z 得分来看，仅有 2002 年、2003 年、2005 年、2007 年、2013 年、2015 年份的数据跨过了 1.65 的临界值（拒绝零假设设定的阈值），其他年份的数据具有显著的随机分布特性，无法拒绝零假设，无分析价值。其中，2002 年、2005 年、2007 年、2013 年份的数据刚刚跨过了临界值，出现聚集的可能性大于随机分布的可能性，但 P 值介于 0.05 ~ 0.1 之间，仍不能显著地拒绝原假设；2003 年和 2015 年份，Z 得分分别为 2.143 和 2.897，且统计结果显示数据随机的可能性小于 5%，这说明只有 2003 年和 2015 年份的数据拒绝了零假设，有显著的聚类和空间正相关的可能性，但这并不能由此判定县域农业面源污染具有溢出效应。

全局 Moran's Ⅰ只能判断空间是否出现了聚集或异常值，局部 Moran's Ⅰ则可以明确哪些空间单元出现了集聚性。图 4 -3 报告了利用局部 Moran's Ⅰ绘制的 2016 年中国各县域农业面源污染的莫兰指数散点图。按照莫兰散点图的解读规则，第一象限（high-high，高—高集聚）意味着农业面源污染较重的县域被农业面源污染同样较重的省份包围；位于第二象限（low-high，低—高集聚）意味着农业面源低污染县域被农业面源高污染县域包围；第三象限（low-low，低—低集聚）中，农业面源污染排放量低的县域，其周边县域排放量同样低；第四象限（high-low，高—低集聚）表明农业面源污染排放量高的县域被农业面源污染排放量低的县域包围。但从莫兰散点图整体来看，县域观测值几乎均匀地分布在四个象限，表明地区之间不存在空间自相关性。这可能是由于农业面源污染已经表现为水体、土壤、大气等多方位立体性、复杂化污染形态，受县域自身经济、社会、政策等多种因素影响，而呈现出县域分异明显的特征。至此基本可以判定假设 1 不成立。

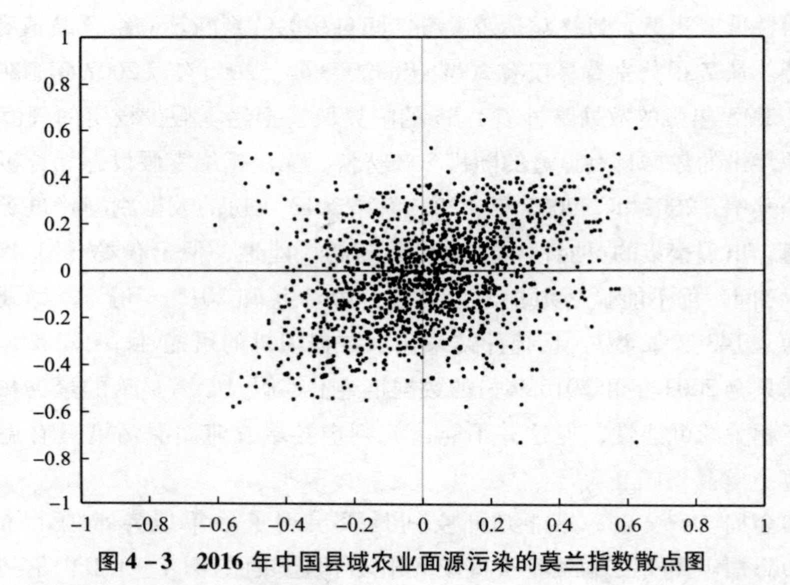

图 4－3　2016 年中国县域农业面源污染的莫兰指数散点图

资料来源：此图由 ArcGis 软件运算绘制。

三、县域农业面源污染“边界效应”检验

“边界效应”是对县域农业面源污染空间影响因素的探索，其存在与否是农业面源污染是否需要县域规制的重要原因。KERNEL 密度估计方法因其具备能够刻画事物整体形态的优点而被用于考察事物的演变及分布特征。本章将通过 KERNEL 密度检验县域农业面源污染的“边界效应”。将样本县域依其是否位于省域边界划分为边界县和非边界县，并绘制了 2001 年、2006 年、2011 年以及 2016 年的农业面源污染的 KERNEL 密度图，如图 4－4 所示。图中横坐标为县域农业面源污染量，纵坐标表示该数值出现的概率。

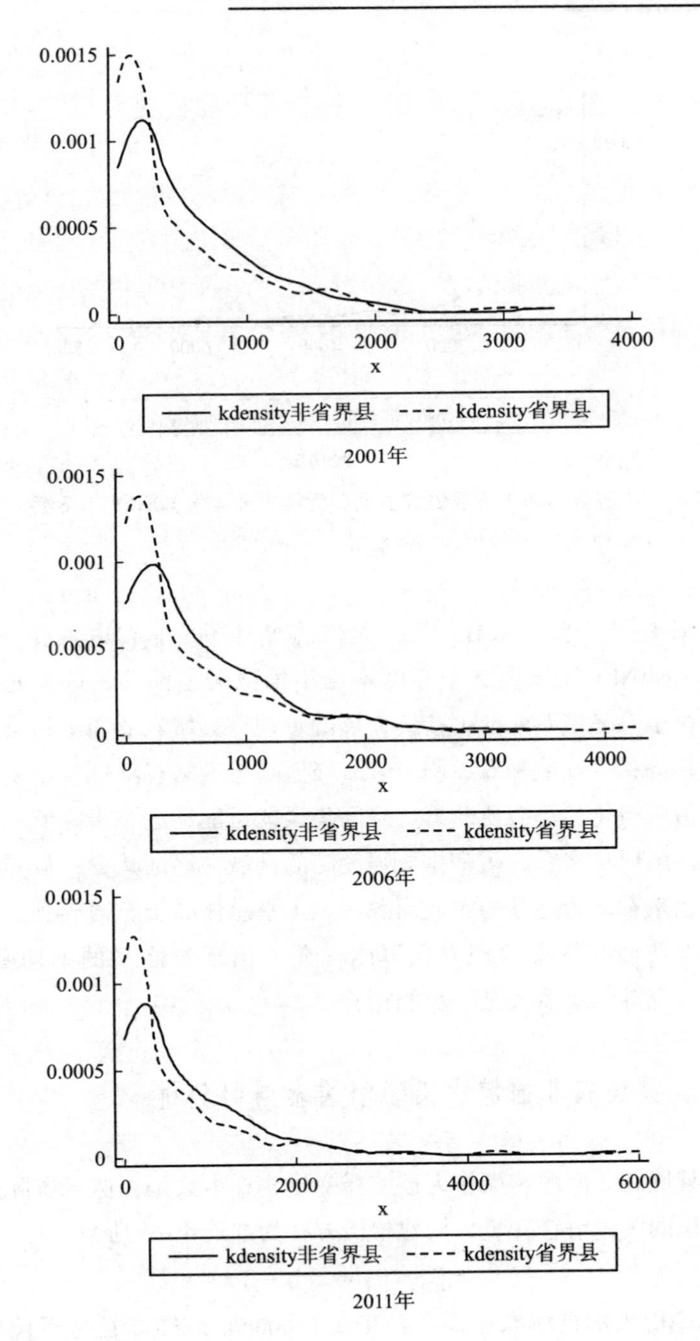
0.0015
0.001
0.0005
0
0
1000
2000
3000
4000
x
kdensity非省界县
kdensity省界县
2001年
0.0015
0.001
0.0005
0
0
1000
2000
3000
4000
x
kdensity非省界县
kdensity省界县
2006年
0.0015
0.001
0.0005
0
0
2000
4000
6000
x
kdensity非省界县
kdensity省界县
2011年

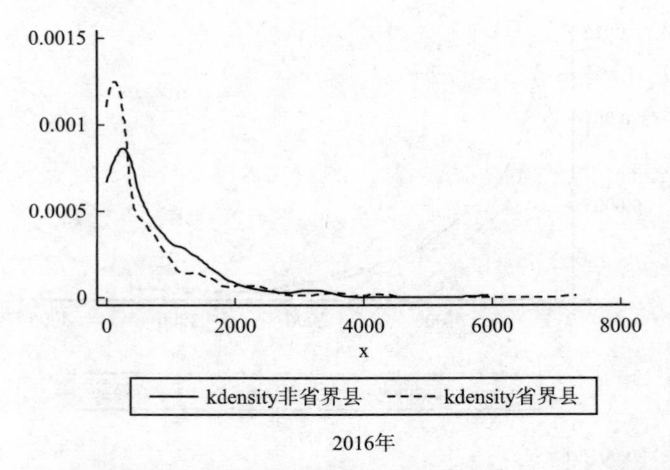

图 4-4　省界与非省界县域农业面源污染主要年份 KERNEL 密度对比

资料来源：此图由 Stata stata12.0 软件绘制。

从图 4-4 中整体来看，无论是省边界县还是非省边界县，农业面源污染 KERNEL 密度函数中心度均逐年稍微向左偏移，这表明随着中国对农村生态环境及农业可持续发展的重视，县域农业面源污染有逐渐减轻的趋势；从峰值来看，KERNEL 峰值随年份略有降低，说明县域农业面源污染极化趋势有所改善，空间集聚的可能性进一步降低，而且从曲线的拖尾形状来看，污染排放强度高的县域在逐渐减少；从实线和虚线的对比来看，边界县的农业面源污染水平总体高于非边界县，这表明目前的农业面源污染治理方式可能存在“治理忽略”的不均衡问题，具体的研究结论还需要进一步的检验。

四、县域农业面源污染影响因素回归分析

将县域农业面源污染作为被解释变量，样本县是否位于省际边界是需要考虑的关键解释变量，构建检验方程为如式 4-3 所示：

$$ANP_{it} = \beta_0 + \beta_1 bound_i + \beta_j z + \varepsilon_{it} \qquad (4-3)$$

其中，ANP_{it} 表示县域农业面源污染值；$bound_i$ 是样本县是否位于省界

上的二值指示性指标（位于省界为1，非位于省界为0）；z表示影响P_{it}的其他控制性变量。其他控制变量来自前文构建的农业面源污染影响因素方程，具体解释如下：PD为人口因素，以人口密度表示，计算方式为地区常住人口/区域面积；AM为农业机械化程度，农业机械化是转变农业发展方式、提高农村生产力的重要基础，是实施乡村振兴战略的重要支撑，以农业机械总动力指标表示；AS为农业经济规模，以第一产业占GDP比重来计算；PCDI为农民富裕程度，以农村居民人均可支配收入来衡量；AL为农业劳动力状况，以农林牧渔业从业劳动力占农村劳动力的比率来计算；PGDP表示区域经济发展水平，以人均国民生产总值来衡量；PHGO表示土地生产能力，以粮食产量/耕地面积来计算。

式（4－3）意在揭示系数β_1的大小与变化，若β_1结果显著且方向为正，则能够证明县域农业面源污染存在明显的"边界效应"，否则证明不存在"边界效应"。主要变量的描述性统计分析见表4－3。

表4－3　主要变量描述性统计

Variable	Obs	Mean	Std. Dev	Min	Max
Bound	10659	0.4893993	0.4999136	0	1
ANP	10659	564.5549	697.5175	0.01	7391.42
PD	10659	422.2466	303.2771	0.23	1664.02
AL	10659	0.5749272	0.1727507	0.03	0.95
AM	10659	48.40401	44.12133	0.54	290
PGDP	10659	20422.63	21373.36	357	188101.1
PCDI	10659	5715.418	4283.255	604	30224
AS	10659	0.2303586	0.1215705	0.01	0.74
PHGO	10659	5782.924	2560.913	185.2	33306.23

资料来源：相关数据是由作者经stata12.0运算整理。

在进行面板数据的回归分析时，首先应检验各变量之间的相关性以消除因变量间可能存在的多重共线性而对回归结果产生的偏差。变量之间的相关系数见表4-4，从表中可以看出，解释变量与被解释变量之间的相关性均在可接受的范围内，尤其作为核心解释变量的Bound与被解释变量的相关系数为0.0776，更能说明变量之间不存在多重共线性，不会对最终的回归结果产生实质性影响。

表4-4　　变量间相关性矩阵

	ANP	Bound	P	AL	AM	PerGDP	FW	AS	AEO
ANP	1.0000								
Bound	-0.0776	1.0000							
PD	0.5088	-0.2337	1.0000						
AL	-0.0733	0.0456	-0.4396	1.0000					
AM	0.7243	-0.0988	0.4745	-0.1841	1.0000				
PGDP	-0.0542	0.0148	0.1587	-0.5066	0.0835	1.0000			
PCDI	0.0861	-0.0118	0.2673	-0.5896	0.2029	0.8181	1.0000		
AS	0.1924	0.0285	-0.1632	0.5263	0.0442	-0.6012	-0.5218	1.0000	
PHGO	0.4537	-0.1992	0.5453	-0.3213	0.4381	0.1060	0.2340	-0.1100	1.0000

资料来源：相关数据是由作者经stata12.0运算整理。

接下来将利用静态面板数据模型进一步检验县域农业面源污染是否存在“边界效应”。常用的静态模型包括固定效应模型和随机效应模型，Hausman检验可以作为固定效应和随机效应模型筛选的依据。本书的Hausman检验结果表明，随机效应模型的基本假设更能得到满足，表4-5报告了县域农业面源污染与边界变量及相关控制变量的随机效应回归结果，同时列出混合回归模型的检验结果做参考。

从表4-5可以看出，无论是随机效应模型还是混合回归模型，边界变量Bound的回归系数均为正，这至少说明省际边界县域的农业面源污染水平高于非省际边界县域的污染水平。虽然在随机效应模型中，变量Bound没有通过显著性检验，但在混合回归模型中，其回归结果则在1%的置信水平下通过检验，这足以证明前文假设，即在省际边界存在一定程度的"边界效应",省界县域的农业面源污染高于非省界县域,这可能是因为由中央或省级公共部门主导的农业面源污染治理并没有有效渗及边界县域,存在"治理遗漏"区域,在这种情况下,将农业面源污染治理权限下放至县域行政单元或能缓解这一局面。回归结果其他变量的系数同时可以表明,前面设计的农业面源污染影响方程是合理的,可以进行接下来的检验。

表 4-5 县域农业面源污染"边界效应"模型估计结果

	随机效应模型			混合回归模型		
	Coef.	t	P > |z|	Coef.	t	P > |z|
Bound	41.87552	1.16	0.216	74.02051	8.12	0.0000 ***
PD	0.6344115	15.39	0.000 ***	0.5775187	29.40	0.0000 ***
AL	-142.2034	-5.69	0.000 ***	409.1037	11.37	0.0000 ***
AM	4.024011	31.32	0.000 ***	8.805637	73.49	0.0000 ***
PGDP	-0.0022082	-9.36	0.000 ***	-0.0022247	-5.73	0.0000 ***
PCDI	0.0047008	3.88	0.000 ***	0.0132929	6.81	0.0000 ***
AS	-126.8762	-3.07	0.002 **	969.7766	19.92	0.0000 ***
PHGO	0.0197445	11.63	0.000 ***	0.0333975	15.54	0.0000 ***
_cons	96.45153	2.40	0.016 **	-823.9903	-26.81	0.0000 ***
Wald	3176.70					
p	0.0000			0.0000		
R-sq	0.5952			0.6182		
F				1948.28		

注:***、**、*分别表示1%、5%和10%的显著性水平。
资料来源:相关数据由作者经stata12.0运算整理。

第四节 基于梯度提升决策树的县域农业面源污染影响因素进一步检验

前面的相关检验显示,县域农业面源污染具有"边界效应",如果在治理中采用"一刀切"的治理模型，将会导致"治理遗漏"区域，进而加大空间不均衡。基于此，县域尺度内的农业面源污染规制或更为合理。而如何在县域分异特性显著的背景中寻找合适的路径？梯度提升决策树模型（gradient boosting decision tree，GBDT）可以对此进行进一步的检验。

一、梯度提升决策树模型方法论

梯度提升决策树模型是以最小化均方差为衡量标准的回归树模型，与文献中常见的回归模型（或广义线性模型）相比，有着可以处理包括连续变量、分类变量等不同类型的自变量以及可以容纳自变量中的缺失数据且不易受到潜在异常值的影响的优点。艾利斯（Elith，2008）等认为，GBDT 决策树能够自动为自变量间的相互效应建模，在模型预测的时候，先根据初始模型构造一个决策树并计算残差生成基础学习器（base learner），然后在已有模型和残差上再构造一棵树，训练新的学习器，新的学习器以上一个学习器的结果为基础并对其有所改进，依次迭代，每一个自变量的响应均取决于树的更高层的其他自变量的值，因此，GBDT 决策树也被认为比传统建模技术具有更好的预测精度。

GBDT 是一种采用加法模型（即基函数的线性组合）与前向分步算法并以决策树作为基函数的提升方法。假设 x 是一组解释变量，F(x) 是响应变量 y 的近似函数，则有式 4－4：

$$F(x) = \sum_{m=1}^{m} f_m(x) = \sum_{m=}^{m} \beta_m h(x; a_m) \tag{4-4}$$

其中，a_m 是单个决策树 $h(x; a_m)$ 中每个分割变量的分割位置和终端节点的平均值，β_m 通过最小化指定的损失函数 $L(y, F(x)) = (y - F(x))^2$ 来估计。为了估计回归问题的相关参数，弗瑞德曼（Friedman，2001）提出了梯度推进法。其算法可概括如下。

（1）将 $F_0(x)$ 初始化为常数，估计使损失函数极小化的常数值，它是只有一个根节点的树，如下：

$$F_0(x) = \text{argmin}\beta \sum_{i=1}^{n} L(y; \beta) \tag{4-5}$$

（2）对 $m=1, 2, \cdots, M$，以及对样本 $i=1, 2, \cdots, N$，计算损失函数在当前模型的值，作为残差的估计，如下：

$$\tilde{y}_{im} = -\left[\frac{\partial L(y_i, F(x_I))}{\partial F(x_i)}\right]_{F(x)=F_{m-1}(x)} \quad (4-6)$$

对 $\tilde{y}_{im}$ 拟合一个回归树 $h(x; a_m)$，得到第 m 棵树的叶节点区域 β_m。

在损失函数极小化条件下，估计出相应叶结点区域的值，即计算 β 梯度的步长，如下：

$$\beta_m = \operatorname{argmin}_\beta \sum_{i=1}^{N} L(y_i F_{m-1}(x_i) + \beta h(x_i; a_m)) \quad (4-7)$$

将模型更新为：

$$F_m(x) = F_{m-1}(x) + \beta_m h(x; a_m) \quad (4-8)$$

（3）得到回归树，输出最终模型 $F(x)=F_m(x)$。

为了克服过度拟合的问题，学习率（也称为收缩率）通过引入 ξ（$0<\xi\leqslant 1$）的因子来计算每个基树模型的贡献，如下：

$$F_m(x) = F_{M-1}(x) + \xi \cdot \beta_m h(x; a_m), \text{ where}(0<\xi\leqslant 1) \quad (4-9)$$

本书使用 R 语言梯度提升机 gbm 软件包①来实现梯度提升算法。主要参数设置如下：连续因变量的损失函数（distribution）形式通常选择 gaussian 或 laplace，本书选择 gaussian 分布；学习速率（shrinkage）是每一步迭代向梯度下降方向前进的速率，该数值越小模型表现越好，依经验法则通常设置在 0.1 ~ 0.001，本书设置为 0.05；迭代次数（n. trees）和学习速率密切相关，本书选择 1000 搭配 0.05 的学习速率；再选择抽样比率（bag. fraction）为 0.5；决策树的交互深度（interaction. depth）和叶节点树（n. minobsinnode）通常用网格搜索与交叉验证来寻找最优参数，树深度即基础学习器的深度，若基础学习器训练过于复杂，就会提升模型对样本的拟合能力而可能导致过拟合问题，因此，数值不宜过大，本书确定为 3；叶节点（n. minobsinnode）可包含的最小观测数为 10。在获取上述模型参数后，将数据集进行训练即可

① gbm 软件包的全称是 generalized boosted regression models，也称为广义提升回归模型。

获取最终模型。

二、县域农业面源污染影响因素的相对贡献率

图4－5是由summary函数返回的县域农业面源污染自变量的贡献度，贡献度是以相对的方式衡量的，因此所有自变量的总贡献率为100。本书择取2001年、2006年、2011年、2016年份的数据作为比照，从图中可以看出，变量农业机械化、人口密度因素以及土地生产能力得分较高。其他几个变量区域经济发展水平、农业经济规模、农民富裕度等表现相对平稳。

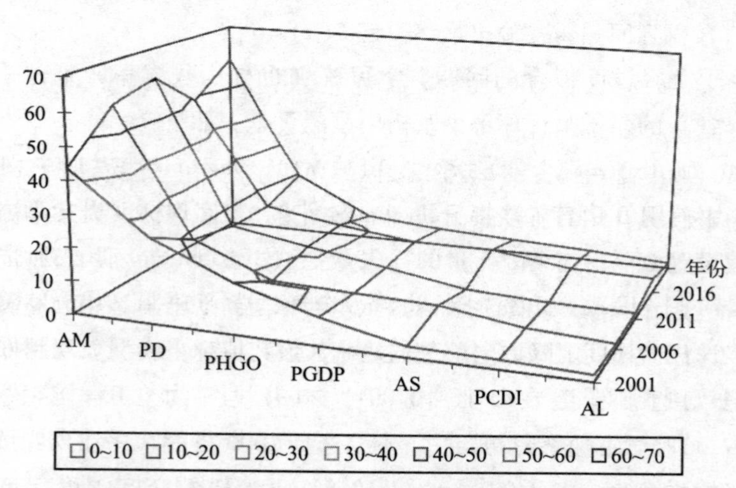

图4－5　主要年份县域农业面源污染自变量的贡献度

资料来源：本图由R软件运算并绘制而成。

图4－6报告了县域农业面源污染全部自变量的所有年份的整体贡献度。从图中可以看出，农业机械化是农业面源污染最重要的影响因素，贡献率达到58.17%，这一结论是合理的，农业机械化是改善农业生产条件、增强农村生态环境的重要途径。人口密度因素是影响农业面源污染的第二大变量，相对贡献率为19.45%，人口密度大意味着经济

活动的空间聚集，并引起能源和资源消费利用等方面的改变，最终对农业面源污染产生影响。土地生产能力变量的贡献度为5.54%，土地生产能力的制约因素除土地本身的质量外，还受生产者行为影响，不合理化学品的投入会导致土地生产能力改变。此外，两个经济影响变量相比，区域经济发展水平对农业面源污染的影响（5.54%）比农业经济规模（4.35%）稍高，但整体贡献度不高。

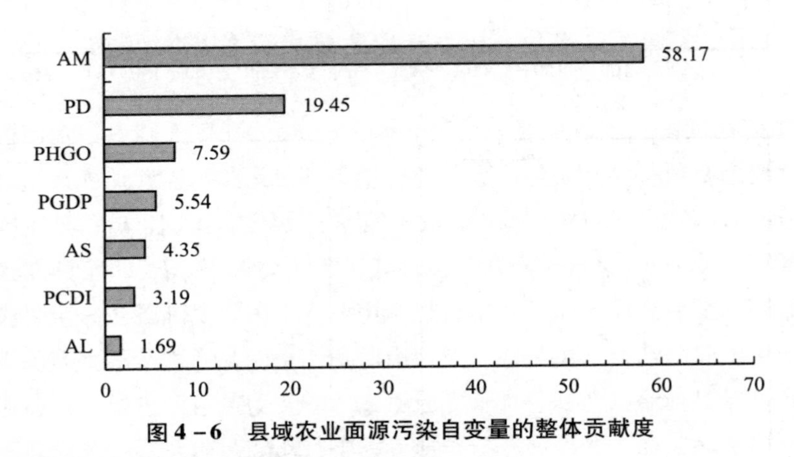

图4-6　县域农业面源污染自变量的整体贡献度

资料来源：本图由R软件运算并绘制而成。

三、县域农业面源污染关键影响因素的梯度效应

传统线性回归分析在测量自变量对因变量的影响时往往忽略变量之间可能存在的关联，而GBDT可以避免这种情况并能够直观呈现自变量的梯度效应。在考虑了其他所有变量的平均影响后，GBDT可以以相关图的形式呈现一个变量对响应变量的边际效应。为了进一步研究各经济社会变量对县域农业面源污染的具体影响，下面将结合相关图进行梯度分析。

图4-7显示了主要年份农业机械化变量对县域农业面源污染的影响。不可否认，农业机械化对提高农作生产效率有着无可比拟的作用，是进行农业规模经营的必要物质条件，亦是实现农业可持续发展的必要

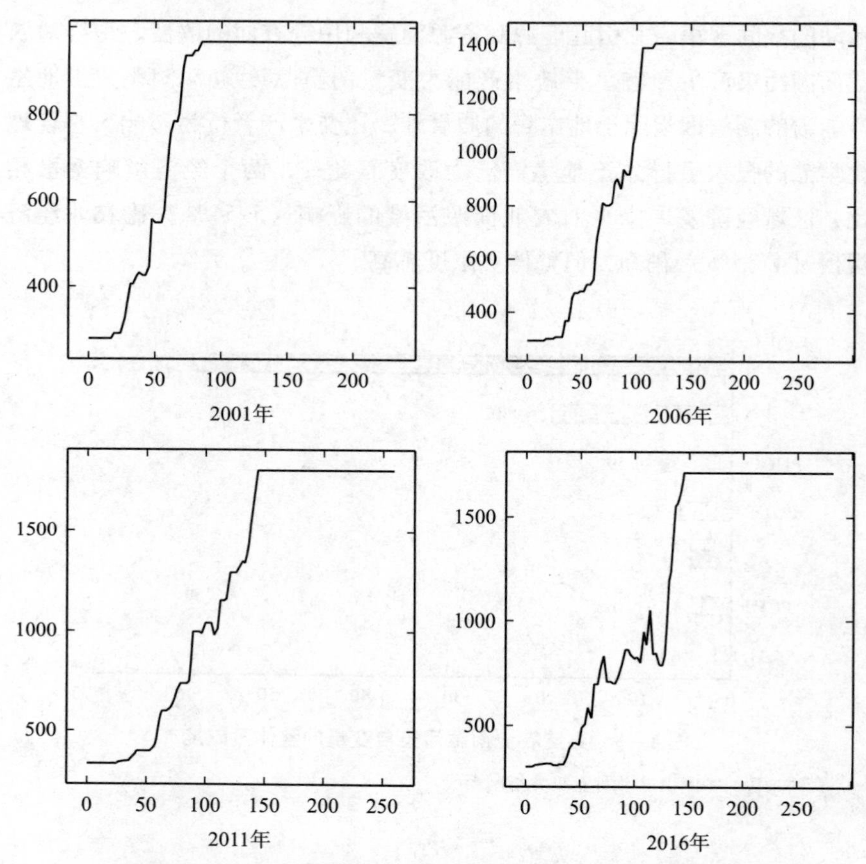

图 4-7　主要年份县域农业面源污染 AM 变量的梯度效应

资料来源：本图由 R 软件运算并绘制而成。

因素。2004 年颁布的《中华人民共和国农业机械化促进法》中明确表明：农业机械化可用来改善生产和经营条件，并提高生产技术水平、经济效益以及生态效益。首先可以看到，农业机械化水平导致农业面源污染呈现较大的量差，这一数值在 2011 年和 2016 年表现尤为明显。

图 4-8 列出了人口密度变量（PD）在 2001 年、2006 年、2011 年以及 2000～2018 年全年份的农业面源污染影响梯度。图中可以看出，当县域人口密度低于 200 人/平方千米，此时对农业面源污染的影响不大。

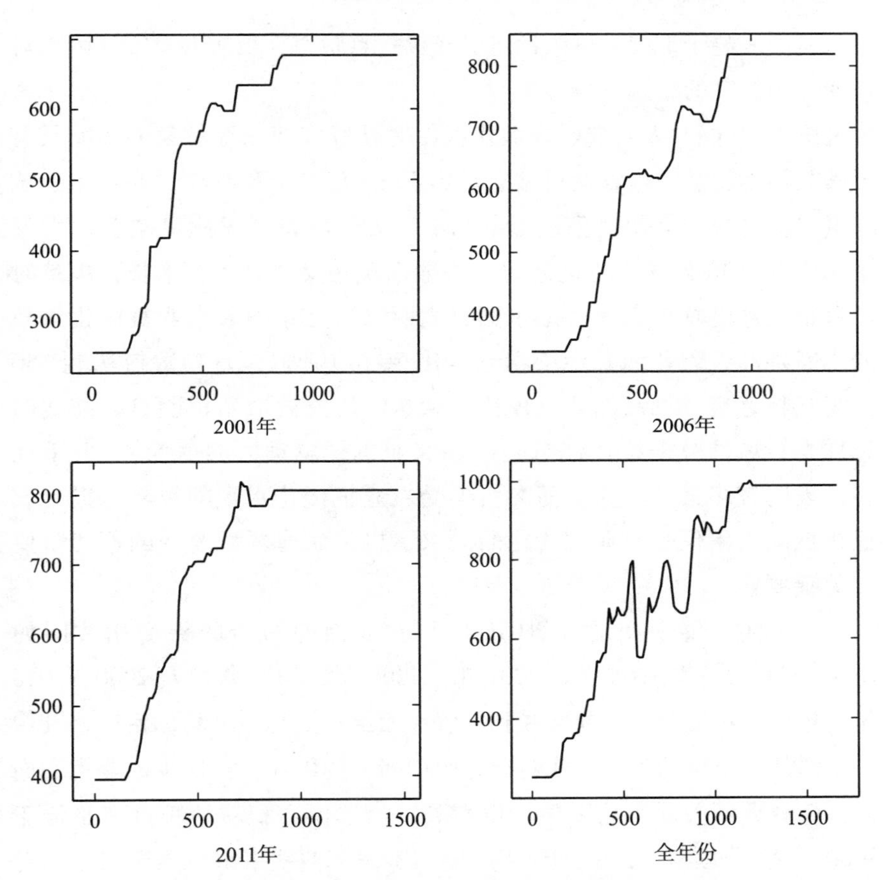

图 4－8　主要年份县域农业面源污染 PD 变量的梯度效应

资料来源：本图由 R 软件运算并绘制而成。

从全年份的梯度图来看，人口密度变量处于 200～400 人/平方千米区间时，农业面源污染数值有较大的增幅，但当该数值处于 400～700 人/平方千米时，农业面源污染上下波动，但整体处于上升状态。人口密度在 500 人/平方千米和 750 人/平方千米左右时，图形呈现横梯状态，提示决策者此时的人口密度不是关键影响变量，而在人口密度数值达到 800 人/平方千米以上时，图形显示爬升趋势，此时农业面源污染增长较快，表明该区间对农业面源污染产生较大压力。人口密度高于 1000 人/平方千米后曲线趋于平缓，进入稳定的横梯拐点状态，表明人口密度因素对农业面源污染的影响不再显著。

图4－9同时表明农业机械化程度对县域农业面源污染的影响具有显著的梯度特征。当农业机械总动力低于40万千瓦特时，在各年份该变量对县域农业面源污染的影响均不显著，然而当农业机械总动力处于40万～100万千瓦特区间时，农业面源污染显著大幅增长，决策时应着重关注的梯度区间。图中同时表明，近几年随着农业机械化水平的不断提高，农业面源污染拐点的出现亦有延迟，直到数值达到150万千瓦特之后，梯度图才呈现稳定状态，影响效应不再明显。前文研究样本县域的数据统计信息提示，农业机械总动力均值为48万千瓦特，表明较多县域的农业面源污染受农业机械化水平的影响，提升农业机械动力不仅是农业现代化的需求，也是农业环境改变的迫切需要和关键要素。

土地生产能力变量（PHGO）与农业面源污染的梯度相关图如图4－9所示，图中提供了2001年、2006年、2011年以及2000～2018年全年份的相关曲线。前文提到，农业面源污染是一种立体污染，其中之一便是对土壤的污染以及对土地生产能力的破坏。土地生产能力和面源污染有重要关联。从图中可以看到，当单位面积耕地粮食产量低于3000千克/公顷时，此时土地生产能力不高，曲线平滑，表明该区间对农业面源污染的影响不大；当该数值处于3000～10000千克/公顷时，曲线呈点落式上扬状态，表明该区间对农业面源污染的影响最大；在数值大于10000千克/公顷时，农业面源污染有一定程度的递减并在此后进入稳定状态且影响程度减弱。全年份的相关图包含的数据量更大，或能提供更多的决策参考。曲线呈现出几度爬升又回落的波浪状态，表明土地生产能力和农业面源污染不是简单的线性相关关系。在数值位于4000千克/公顷、8000千克/公顷和10000千克/公顷左右时，曲线有明显的转折，提示决策者此时应尤为关注农业面源污染。

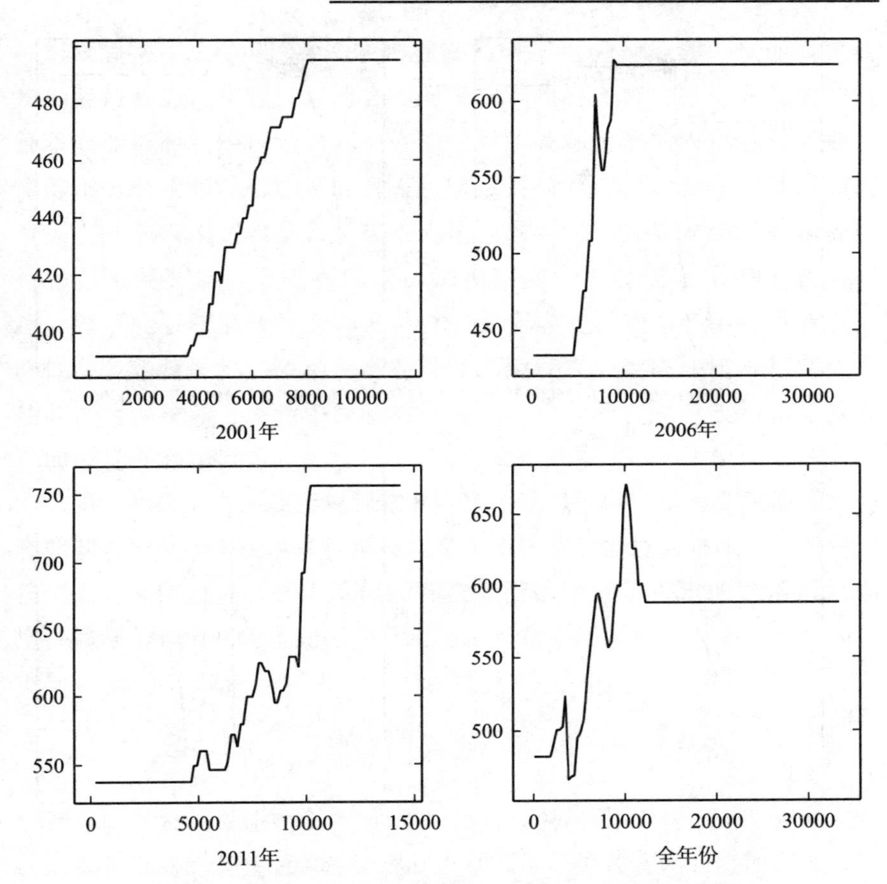

图4－9 主要年份县域农业面源污染PHGO变量的梯度效应

资料来源：本图由R软件运算并绘制而成。

图4－10报告的是区域经济发展水平、农业经济规模、农民富裕程度以及农村劳动力四个变量对县域农业面源污染的梯度影响。相较于前三个变量，这四个变量的贡献度不高，但其仍然可以为下文的梯度决策提供参考价值。以农民富裕程变量为例，当农村居民家庭人均可支配收入低于2000元/人时，对农业面源污染的影响意义不大；当该数值处于2000～10000元/人时，农业面源污染有非常显著的递减；而当该收入数值处于10000～12000元/人时，农业面源污染显著增长；在该数值高

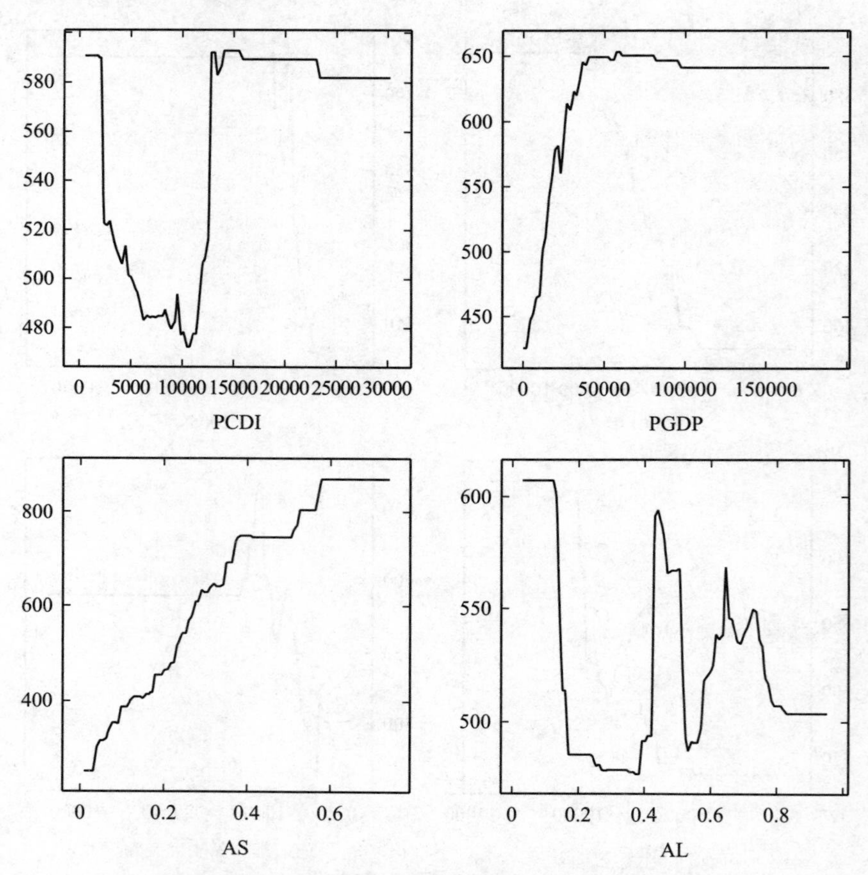

图 4－10　其余变量与县域农业面源污染的梯度效应

资料来源：由 R 软件运算并绘制而成。

于 12000 元/人时之后，农业面源污染虽有小幅减少但总体处于比较稳定的状态。区域经济发展水平的拐点在 40000 元/人左右，此后该变量对农业面源污染的影响逐步减弱。农业经济规模呈现典型的梯度特征，当第一产业占比低于 35% 时，对农业面源污染有显著影响，振幅较大；该数值处于 35% ～50% 之间时，影响力减弱；在 50% ～60% 区间时，农业面源污染会有增长但幅度不大；高于 60% 之后，第一产业占比对农业面源污染的影响不再明显。农村劳动力中从事农业生产的比例代表着农村劳动力的流失以及农业劳动力是否富余，从梯度图可以看出，该比例处于40%以下时，农业面源污染将会降低，这可能是因为农村劳动力外流导致土地撂荒或农业机械化劳作增多，农业面源污染受影响较小；当数值处于40%～70%时，农业面源污染变动幅度较大；而这一数值超过80%之后，该变量对农业面源污染不再有显著意义。

第五节　本章小结

本章的主要研究目的是寻找宏观视角下县域农业面源污染的关键影响因素，为下文农业面源污染县域规制路径优化设计提供支撑。根据实证研究的模型选择原则，如果研究对象具有空间相关性，则忽略空间影响因素的回归模型是有偏的；如果研究对象不具备空间相关特征，则常规计量模型是合适的。因此，本章的主要内容分为以下四部分。

（1）提出“边界效应”假设和农业面源污染经济社会环境影响因素假设。首先假设县域农业面源污染存在“边界效应”，即处于在省际行政边界的县农业面源污染程度要显著高于处于省际行政区内部的县。其次，将IPAT模型和经典环境效应分析框架糅合，参考相关研究，构建县域农业面源污染经济社会环境影响因素模型。

（2）本章以2007年国务院组织第一次全国污染源普查中使用的农业面源污染系数为基础，综合确定了县域农业面源污染系数，该系数兼具有权威性、实践性和科学性，可以对农业面源污染进行直接计量，是下面分析县域农业面源污染影响因素的前提和基础。

（3）县域农业面源污染的“边界效应”检验。本书首先借助KERNEL密度估计直观呈现了边界县域农业面源污染与非边界县域农业面源污染的分异状况，然后借助静态面板随机效应模型检验边界变量对县域农业面源污染的影响，以求证农业面源污染治理是否存在“边界忽略”，结果发现位于省际边界的县域农业面源污染高于非省际边界。为此，本书认为应强化农业面源污染县域规制，以提升农业面源污染治理效度。

（4）县域农业面源经济社会环境影响因素进一步检验。利用梯度提升决策树模型分析各影响因素的贡献度及其与县域农业面源污染的非线性效应。结果表明，农业机械化的贡献度在主要年份均达到43.41%以上，这表明在县域层面，农业机械化、现代化对农业面源污染有着重要影响。在资源约束与环境保护战略的双重驱动下，应进一步综合应用现代信息技术革新农业装备技术，将作物生产与农业资源环境管理决策相结合，实现农业可持续发展。计量结果同时表明，人口密度以及土地产出效益两个变量对县域农业面源污染有着重要影响。梯度相关图为县域农业面源污染治理决策提供了以下参考：农业机械总动力处于40万~150万千瓦特区间时，其对县域农业面源污染影响较大。人口密度处于200~400人/平方千米区间时，县域农业面源污染有较大增幅；但当该数值处于400~700人/平方千米时，农业面源污染上下波动，受影响较小；而在人口密度数值达到700~800人/平方千米时，农业面源污染增长较快，表明该区间对农业面源污染产生较大压力。单位面积耕地粮食产量处于3000~10000千克/公顷时，曲线呈点落式上扬状态，表明该区间对农业面源污染的影响最大。其余四个变量的贡献度不高，但其仍然可以为县域农业面源污染的梯度决策提供参考。

基于以上计量结果及分析，本书认为，县域政府应从制度创新角度、在兼顾农产品安全与环境保护的双重目标下，逐步调整或采用合理的农业面源污染规制手段，提高农业面源污染规制能力，积极引导、鼓励农户采用亲环境农业生产技术，优化农产品产业结构，争取以较小的资源代价实现农业增值增效农民增收，推动中国农业向高效益低消耗方向转型，向现代化的、环境友好型的绿色农业转变。

第五章

县域农业面源污染微观影响因素——农户行为的探索性分析

前面在宏观层面上针对县域农业面源污染在空间、经济社会影响因素展开研究，为下文县域规制模型设计做了铺垫。事实上，构建可行合理的规制模型还需要聚焦微观层面影响因素的研究。在基层的农业生产实践中，农户（包括小规模农场主）是农业生产经营行为主体，农户的农业资源利用行为与农业生态环境之间存在相互作用和反馈机制，在农业生态环境普遍受到关注的背景下，从农户行为的微观视角来刻画农业生产活动与农业生态环境的关系已经成为环境问题研究的重要组成部分。进一步说，农业面源污染规制政策的落地亦依赖于农民的社会配合度和参与能力，从微观视角“自下而上”地深入探究农户农业生产行为选择的内外部影响因素，才能制定出更有针对性和兼具效度的规制对策。

第一节　GT 探索性研究方法的选择

一、心理意识对农户生产行为选择的解释力高于人口统计和社会环境因素

（一）影响农户生产行为选择的人口统计因素

研究普遍认为人口统计因素与农户生态行为显著相关。以农户收入

研究为例，利奇和梅恩斯（Leach and Mearns，1998）研究发现农户对化肥、农药、农膜等农业生产资料的使用量受其收入的约束，且呈正相关关系，即农户收入增加，其用于购买农业生产资料的支出也会随之增加。德朗塞斯科（Defrancesco，2006）等对农民是否参与农业环境计划的影响因素进行研究，结果表明，以农业为主要收入来源的农户参与生态保护行为的发生率较低。段伟等（2016）基于调查数据，发现农户人均年收入同其保护参与行为成正比。刘妙品等（2019）同样认为农业收入占比高低是影响农户农田生态保护行为的重要因素，出于追求收入稳固增长的考虑，以农业收入为主的农户更倾向于采取农田生态行为。

部分学者从农户兼业和非农就业角度研究农业生产行为选择。张欣等（2005）认为农户的兼业行为使农业出现了粗放经营的现象，高投入、低效率的农业生产资料利用导致了农业环境的恶化。何浩然（2006）的研究表明，非农就业增加了农户的化肥施用量。夏秋等（2018）认为兼业对家庭劳动力的挤出造成留存于农业生产的劳动力不足，为避免产量损失，兼业农户普遍存在增加短期资本投入以弥补劳动力投入的不足，导致兼业农户的农业面源污染水平显著高于非兼业农户。

农户所拥有的社会资本也会影响农业生态行为选择。段伟等（2016）借助保护区农户调查数据，发现劳动力受教育程度与生态保护参与行为成正比，住宅面积较大、通信设备较多的农户，其农业生产化学品投入较小，村干部家庭更多地参与生态保护活动。邝佛缘等（2017）认为家庭中是否有村干部与农户耕地保护意愿存在较强的关联性，表现出显著的正向影响，而劳动力占家庭人口比重、耕地的细碎化程度、家园离县城的距离、家庭是否拥有农机具则为显著的负向影响。王明天等（2017）基于福建、江西等地的农户调查数据，实证表明家族资本能够促使林区农户采取生态保护行为，而政府资本会对农户生态保护行为产生负面影响，邻里资本对农户的生态保护行为则没有影响。

（二）心理意识因素与农户生产行为选择

大多研究认为环境心理意识因素会对农户生态行为产生正面影响，如张文彬等（2017）以国家重点生态功能区农户为对象，研究了心理因素和生态补偿政策对其生态保护意愿和行为的影响，认为行为态度、主观规范和感知行为控制等心理因素通过农户生态保护意愿对其行为产生间接正向影响。冯潇等（2017）则基于山西省、河南省等地林区农户调查数据发现，生态知识不能直接影响农户的生态保护行为，但生态情感和责任意识对农户的生态行为具有积极的正向影响。刘妙品等（2019）基于相关调查数据，通过构建结构方程模型，认为环境认知、环境情感、环境价值观和环境技能对农户生态保护行为产生显著正向影响，且提升农户环境认知与环境技能对促使其向农田生态保护行为转变更为有效。

也有学者从环境收益及成本感知角度研究了农户农业生产行为选择。西丽王（Sirivongs，2012）等以老挝国家级保护区周边社区为例，研究了农户保护成本、收益感知与保护态度和保护参与行为的关系，发现农户保护收益感知对保护态度和保护参与行为有正向显著关系。马奔等（2016）也持同样观点，其以保护区周边农户为研究对象，从农户保护感知视角出发，认为保护成本感知对生态保护行为无显著影响；而保护工作感知和收益感知对生态保护行为有正向显著影响。杜运伟等（2019）认为农户的收益感知和成本感知是影响农业绿色生产意愿的最直接因素。

然而部分研究认为，环境心理因素与生态保护行为没有必然的联系，如周立华等（2002）认为，尽管农户对生态环境的认识程度较高，但对生态保护的积极性并不理想。艾慧（2008）构建了“生态意识与行为”矩阵，认为农户生态意识的提高并不意味着其行为也有利于生态环境。李昊等（2018）通过调查发现，由于较低的公平性感知和不信任的存在，即便是农业环境保护意愿充足的农户，也可能导致农户低环境保护行为。

（三）社会环境因素对农户生产行为的影响

社会环境因素，如技术或政策等会对农户生产行为产生影响。何浩然（2006）的研究表明，农业技术培训与农户化肥的施用水平呈正相关关系。马骥等（2007）的研究结论显示，农户是否接受过施肥方面的技术指导等是影响农户降低氮肥施用量的重要因素。张利国（2008）对江西省的调查显示，参加农业技术培训的农户会减少化肥的使用。杨增旭（2011）通过实证分析认为，中国农业技术推广体系向农户提供技术支持的低效率是阻碍农户化肥施用技术效率提高的重要原因。孙等人（Sun et al.，2012）认为中国农业非点源污染的增加源于化肥、农药的过量投入，而这部分原因在于农技推广服务不足以及废弃物管理匮乏。赛恩（Sain，2013）强调技术对农户行为的影响，研究证实，如果给予农户足够的农业技术指导，在不减少作物产量的前提下可以削减30%的化肥、农药施用量。郭悦楠等（2018）认为技术信息获取在农户亲环境意愿向行为转化过程中起到负向调节作用。农业与环境政策因素会影响农户行为选择，罗小娟（2013）认为农业与环境政策可以改变种植结构、提高环境友好型技术的采用率，从而有效实现经济－社会－环境的协调发展。张利国等（2017）认为政府规制以及非正式制度负向显著影响农户道德风险行为。

综合来看，人口统计因素、心理意识因素及社会环境因素都会影响农户生产行为，但对预测农户行为选择，人口统计因素及社会环境因素的解释能力远不及心理意识因素，这一观点与辛格（Singh，2009）的研究是一致的。从现有文献看，已有的对农户行为选择影响因素研究多是基于结构化调查问卷或官方统计数据，利用量化研究方法来计量或检验，而对心理与行为的一致关系存在忽略。探索性方法是一种研究心理与行为内在关联的恰当的质化研究方法，基于此，本章将基于查默兹（Charmaz，2011）提出的建构扎根理论（ground theory，GT）探究农户“高投入高产出高污染”生产行为选择的深层次原因以及农户为何未能或不愿意实施农业生态安全生产行为等，期望厘清影响农户“高投入高产出高污染”生产行为的关键因素及其作用机制，为政府政策干预农户行为以及从源头上控制农业面源污染问题提供借鉴，并为政府制定有效的规制治理政策以引导农户生产行为提供理论和实证支撑。

二、GT 探索性研究方法的选择

纵览国内外文献，农户行为研究多借助相关理论模型展开，如俞振宁等（2018）基于计划行为理论（theory of planned behavior，TPB）分析农户参与重金属污染耕地休耕治理行为，郭清卉等（2019）基于拓展的规范激活理论框架分析了个人规范对农户亲环境行为的影响，许佳贤等（2018）运用公众情境理论（theory on publics）采用结构方程模型（SEM）实证分析了农户采纳农业新技术的影响机理。这些理论或可对农户农资过量投入行为进行解释，或仅适用于农户某一方面的行为研究，丰富了农户行为研究的内容。但不能忽视的一点是，这些基于既有理论的研究只能对某一现象做出解释，很难发现新的理论问题，也难以避免因研究者先入为主的主观认识使研究过程出现偏差，从而错过真正的问题。为了更贴合本书的研究需求，接下来将尝试在中国的县域情境下采用建构理论的方式对农业面源污染中的农户行为选择问题进行研究。

前面提到，已有的对农户行为选择内在机理的研究多数是基于结构化调查问卷数据基础上的定量分析。然而农户行为情境的多样性和复杂性往往使得通过无差异的结构化问卷进行大样本书未必有效。而且对农户行为选择来说，目前尚未有成熟的变量范畴或测量量表。鉴于此，本书采取基于开放式问卷调查的扎根理论的质性研究（qualitative research）方法，来描绘农户农业生产行为选择的模型轮廓。

建构扎根理论是通过深入挖掘社会现象信息而阐释其内在意义的质性研究方法，其在进入田野调查前不提出理论假设，而是扎根于经验数据并通过科学、规范、严谨的程序来构建理论。扎根理论一改往常一般定性研究缺乏规范的方法论支持、研究过程难以追溯检验、结论说服力不强的种种弊端，被认为是定性研究中最科学的方法论和最适于进行理论建构的方法。近年来，以扎根理论为代表的质性研究方法逐渐得到了国际主流管理学界的重视（贾旭东和谭新辉，2010），具体到环境保护领域，已被逐步应用到突发性大气污染事件的诱因和演化机制研究（张丽委和张丽平，2018）、畜禽养殖废弃物循环利用研究（潘丹和孔凡斌，2018）、农村清洁能源推广（王火根和梁弋雯，2018）以及海洋环境风险（王刚，2016）等方面。

第二节　研究设计与文本数据来源

一、研究框架及编码流程

扎根理论有着规范的研究流程或路径。研究路径一般是从深度访谈收集文本资料数据开始，对文本数据渐次深入挖掘，尤其强调在不断比较中进行原始资料的概念化、范畴化和理论抽象化工作，最终实现理论建构。总体研究分为四部分，各部分的具体流程如图 5 - 1 所示。

第一，研究问题的确定。不同于传统研究方法，扎根理论在研究问题的产生阶段不是依靠研读既有文献来发现研究的不足之处从而提出研究问题，而是在研究之初由研究者直接进入观察情境，在研究解释迫切性的推动下，通过对社会问题的初步观察和调查来自然地发现和提出研究问题，确定研究主题。

第二，数据收集。在研究样本的选择上，扎根理论拒绝随机抽样，即不从研究信度角度考虑如何确保样本对总体的代表性，而是选择理论性抽样（theoretical sampling）。理论性抽样即数据收集过程，是按照研究目的和研究设计的理论指引，抽取那些能为研究问题提供最大信息量的样本。在正式研究之初，研究者往往首先进行目的性抽样，即选择具有足够典型性的样本进行试探性的研究，然后结合研究进展来决定下一

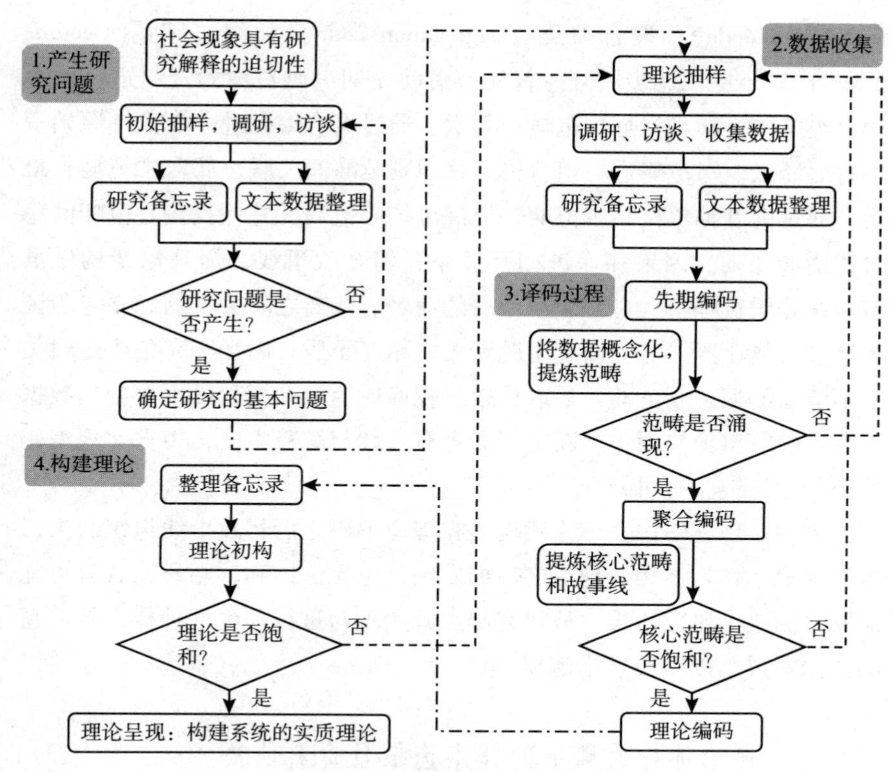

图 5－1　扎根理论研究方法框架

资料来源：作者根据研究相关逻辑步骤自行绘制。

步的抽样对象。深度访谈是扎根理论研究中非常重要的数据收集方法。这是因为深度访谈的问答式交流，便于研究者揭示变量间存在的潜在逻辑；同时，研究者可以根据受访者的回答内容判断变量间的动态变化关系。在访谈过程中，研究者多使用开放性问题鼓励被访谈者说出其真实的观点或看法，以避免任何先入为主的引导和提示。同时记录重要信息，并在访谈结束后及时整理资料，制作研究备忘录（memo），以协助研究人员深入理解数据并激发理论思考，从而提高概念化水平并引导理论发展。

第三，译码过程。译码过程是扎根理论研究的核心步骤。按先期编码（initial code）、聚合编码（aggregation code）和编码理论（coding theory）三个层次逐步展开。首先，借助先期编码对原始资料进行概念化分类整体，初步提炼出范畴；其次，通过聚合编码进一步挖掘原始资料背后涵义，对范畴进行组合提炼，识别范畴间关联，获取主范畴；最后，通过高度抽象概括主范畴，提炼出核心范畴，并寻找核心范畴间隐含的诸如并列、因果和递进相互关系，勾勒故事线，为理论架构做准备。在编码过程中，对概念和范畴的命名、范畴之间关系的确立与验证等经过反复比照，对与研究主题无关、相互矛盾、内涵不完备或逻辑关系不清晰的概念和范畴，采取比较、权衡或返回上一阶段再次搜集数据等方式进行重新检视，不断完善概念有效性与解释力度，力求实现编码严谨与理论饱和有机结合。

第四，理论建构。理论建构是在理论编码之后将故事线组织起来以构建理论。在初步构建理论之后如发现理论无法饱和，则研究者有可能需要追溯整个研究历程，从研究起点开始重新进行理论性抽样，补充新的数据资料，以实现理论饱和。

二、理论抽样原则下的样本选取及资料收集

在研究样本的选择上，建构扎根理论以理论抽样为原则，拒绝随机抽样。为保证访谈质量，采取了以下约束措施：（1）在调查地的择取上，选择农业经营主体丰富的村落，包含小农户、家庭农场主以及经营合作社等各种经营主体，且土地流转活跃，因劳动力流失导致的撂荒现象较少；（2）本书要求被访谈者应对农业面源污染问题有一定理解和认识，因此，本书选定的访谈对象为正在务农且具有外出务工经验、思维相对活跃、眼界开阔的中青年农户；（3）选择调查生源地的学生作为调查员以保证调查工作顺利进行，由于调查员对家乡情况较为了解，在语言上拥有沟通的便利性，能够有效避免理解偏差，可以最大程度地保证调查内容的真实可靠性；（4）在正式访谈开始前，对调查员进行了统一的培训，对访谈提纲可能涉及的内容进行细化和解释，明确相关

问题的内涵。

访谈分两阶段进行，第一阶段为2017年7~8月，访谈地点为山东省济宁市曲阜市（县级市）某村，该村现共有240户897人；第二阶段为2020年7~8月，访谈地点为山东省济宁市兖州区某村，该村现共有362户1362口人，本书采用逐户入户访谈。访谈处所为农户家中或农户所在村村委会。参与访谈的农户的基本信息如表5-1所示。受访农户多以家庭为单位，观点的主要提供者多为男性，由表中可以看出，年龄以中青年为主，一半以上接受过高中及以上教育，耕地承包规模为中等者居多。

表5-1　被调查农户基本信息

指标	定义	人数（人）	百分比（%）
性别	男	39	78
	女	11	22
年龄	30岁以下	3	6
	30~40岁	26	52
	40~50岁	14	28
	50岁以上	7	14
受教育程度	初中	25	50
	高中或中专	20	40
	大专以上	5	10
耕地面积	5亩以下	18	36
	5~10亩	23	46
	10~50亩	7	14
	50亩以上	2	4

资料来源：作者根据访谈资料统计而得。

在确定调查样本的基础上，采用一对一深度访谈（depth interview）和焦点小组座谈（focus group interview）相结合的调查方法。深度访谈能够给被调查者充分的思考空间和表达余地，有利于深入了解受访者对待农业生产面源污染行为的态度、情感及其潜在动因，访谈者也可以细致地观察受访者的外部表情和内在心理。多人座谈作为一对一访谈的补充，主要可以通过调查者的引导，使受访者之间充分讨论，激发思考，更深入获得受访者对问题的了解。在实际的调查过程，共进行了20人次一对一深度访谈，5次小组座谈，每次6人，两种访谈合计共50人次。深度访谈时间为30～60分钟不等，小组座谈时间平均1.5小时。访谈结束后整理访谈记录。将所获资料分为两部分，其中一部分包括20份个人深度访谈记录，用来进行编码分析和模型建构，另一部分包括5份小组座谈记录，作为理论饱和度检验。

第三节　范畴提炼与模型建构

一、资料的开放性编码

扎根理论研究的第一步是开放性编码，即对原始文本数据进行分析，仔细研究其中的词、句子、段落以及事件，了解文本资料背后的真实意义与内涵，从繁杂的语群中提取初始概念、发现概念类属，实现研究的初步聚敛。在研究之初，围绕着“农户农业生产面源污染行为选择”这一核心研究问题，研究者不带任何预设观点和偏见、反复琢磨原始资料、去除无意义的语句后，对剩余原始语句逐字逐句甄别、编码，从中提取初始概念，合并那些在意义上重复或者交叠的初始概念，共整理出571条概念和相应的原始语句。进一步选择重复频次在3次以上的概念进行归类，最终确定11个初始类属，为了节省篇幅，每个类属节选了3条代表性原始语句及相应的概念，如表5－2所示。

表 5－2　　　　开放性编码初始类属

初始类属	代表性原始语句（概念提炼）
A 生态认知	撒化肥是为了庄稼好啊，还能干啥（问题认识） 一直是这么种地的，不撒化肥不长庄稼，虫子来了能不喷药吗（认知偏差） 撒多了也是肥水流到别人田里，能有什么危害啊（危害认知）
B 责任观念	咱农民能为保护环境作啥贡献？（主动意愿） 保护环境？那是当然应该的（社会责任感） 生态保护需要靠大家一起来做，我一个人做是没有用的（个体行为社会效果）
C 生态情感	看着土里长出庄稼，心里就很满足 年轻人都离开了，我再不种地谁还种啊，荒了可惜（社会责任感） 在城里打工了几年，还是农村自在，承包了一些土地
D 生态愿景	看电视上美国都是机械喷药，那样挺好，干活快（技术期待） 易降解的肥料？效果好吗？很快挥发了，没用（技术信息获取限制） 能让环境变好，多花点钱也行（环境期待）
E 主观规范	邻居用了新出的×××（化肥），西瓜多收了一千斤，我也买了（从众心理） 他们村委会的那几个人都用这种化肥啊（人物表率） 人家都撒上化肥了，你不撒人家就会笑话，省那点钱还影响收成（面子文化）
F 生态价值观	当然了，人与自然应和谐共处 新闻上都说了，生态环境保护重于农村经济发展（环保观念） 环境问题可通过科技发展解决
G 环境知识	往土里施用化肥怎么就能污染河流呢？ 会把用过的地膜捡到地头，不然会缠在犁上（环境保护无意识行为） 不知道什么是农业面源污染，没听说过（环保知识）
H 环境技能	施肥的时候估摸差不多就撒下去了，不会精确计算（生态问题解决技能） 化肥撒多了土壤会有些板结，庄稼被烧死 河流里的水是旁边的工厂污染的，和种地有什么关系（农田生态问题识别）
I 成本收益	打上药，菜叶就完整好看，地头上收菜的贩子给的钱能多点（收入） 贩子（指批发商人）来收辣椒，说没有肥料种出来的辣椒小，不好卖（利益） 如果不打农药，将来没啥收成，生活怎么办（抵御风险）
J 生产要素替代	有个化肥企业来促销，大家都买，我也买了（省钱） 家里地少，多上点肥，收成能多些（土地利用） 小×家（邻居）去年打了灭草剂，喷完好几个月不用锄草，省劲（劳动力）

续表

初始类属	代表性原始语句（概念提炼）
K 政府规制	没见过管事儿的人，那阵子大喇叭宣传了几次，后来就没动静了（执行力度） 不让用咱就不用呗，听政府的（规制意愿） 真要罚款，那就不多喷农药了，反正大家都一样（规制工具约束）

资料来源：作者根据访谈资料自行整理。

二、行为意愿、环境素养及行为触发类属提炼

聚焦初始类属可以使其更具有指向性和概念性。聚焦编码是编码的第二个阶段，其任务是发展主类属并发现和描述主类属之间的潜在逻辑联系。本书依据初始类属在逻辑次序上以及概念层次上的彼此关系归纳出三个主类属即行为动机（或意愿）、生态素养以及行为触发点。各主类属及其对应的初始编码类属如表 5－3 所示。

表 5－3　聚合编码形成的主类属

主类属	对应类属	内涵
行动意愿	F 生态价值观	农户对人和自然的关系有着良好的价值判断
	C 生态情感	农户对土地的生态情感决定了其没有污染动机
	D 生态愿景	农户对农业生产愿景有良好的期盼
	B 责任观念	农户对农业生态环境的责任意识
	E 主观规范	农户的生产偏差行为受从众心理的影响
环境素养	A 生态认知	农户对农资使用行为会带来污染与否的认知
	G 环境知识	农户对农业生产过量物资投入产生的后果的总体认知
	H 环境技能	农户所掌握的不会对生态造成威胁的农业生产技术
行为触发点	I 成本收益感知	农户行为的出发点在于其成本收益衡量
	J 生产要素替代	农户过多农资投入行为源于其时间及劳动力替代
	K 政府规制	政府规制能够有效影响农户行为

资料来源：表中内容为作者在研究过程中归纳提炼。

农户对农资过量使用行为会带来农业面源污染以及对污染治理措施及实施情况的认知共同构成农户的知觉行为控制，即行动意愿，是指行为主体过去的经验和预期对是否采取某项特定行为的影响。公众在面对环境污染风险时往往表现出“强行动意愿”，并由此产生“向有关组织反馈”“联络更多人参与”等行为选择。这一规律对农户来说同样适用。一般来讲，农户对生态环境的感知强度和治理信念越强，其参与意向和采取实际行动的积极性也越高。农户对农业生态环境的情感、责任观念主要体现在自觉学习农业生态安全生产技术、主动宣传农业生态环境保护的重要性以及主动配合面源污染治理行为并动员他人采用生态安全生产行为。在农业生产过程中，农户难以避免会受到来自亲朋邻里或村委会的压力，这种能够对行为主体采取某项特定行为施加影响的外部社会压力称为主观规范。理论上，农户感受到外界意向及影响程度越高，其农业生产趋同行为发生的可能性越大。

生态素养一般是指社会公众对人与环境、人与自然间互相关系的了解和认知，其假定具备生态素养的公民了解环境间的相互依存关系及责任，并且拥有解决现存环境问题及防止将来问题发生的知识和技能，并为保护环境而不断调整自身经济活动和社会行为。生态素养包含有心理、感受、感知、思维和情感等因素。在本书的聚焦编码中，将农户生态价值认知、环境知识、环境技能等归入环境素养。其中，生态认知是指农户对农业生态环境能否满足其需要和发展的经济判断、农户在处理与生态环境主客体关系上的伦理判断，以及农业生态系统作为独立于农户而独立存在的系统功能判断，也常常被称为生态认知系统。环境知识是指农户对农业生产过量物资投入产生的土壤污染、水质破坏、生物多样性改变等面源污染的总体认知。环境技能是指农户所掌握的不会对生态造成威胁的农业生产技术。理论上，农户环境素养提高会强化农户采取生态安全技术的行为意向。

将成本收益感知、生产要素替代以及政府规制等因素统一归并为行为触发点。农户在做出经济行为决策时会优先考虑成本收益这一因素，一旦收益足够高且成本相对低，农户就会选择相对“理性”的行为，因此，将成本收益感知作为行为触发点的其中一个因素。城镇化的发展使得农业生产中的劳动力投入减少，劳动力资源外移是农村劳动力寻求资源重新配置的自我融资策略，这种策略一般以替代性要素的投入为代价，如通过投入更多农业生产资料替代劳动力资源的不足。农户在选择“趋利”行为追逐利益最大化目标的过程中受政府环境管制政策的影响，政策的推行会影响农户生产行为的成本收益，促成农户选择或不选择农业生态安全生产行为的发生。

三、理论建构与饱和度检验

理论编码是从主类属中挖掘核心类属，分析核心类属与主类属的内在联结，并以故事线方式（story line）描绘其脉络，发展出新的实质理论构架的过程。本书的核心类属为农户农业生产过程中“高投入高产出高污染”行为的影响因素及其作用机制，围绕该核心类属的故事线，可以概括为生态素养、行为意愿（动机）、行为触发点三个主类属对行为的产生存在显著影响。在研究中发现，农户是具备一定的环境素养的，且农户的污染动机（意愿）几乎为零，至此可以判断，农户农业生产面源污染行为的发生主要是由触发点决定的，这里的触发点包括风险成本收益感知、生产要素替代及政府管制等，故事线如图 5－2 所示，本书将之称为农户农业生产面源污染行为发生的触发模型。

理论饱和度检验是扎根理论研究的重要环节，是研究者利用预留资料来检验建构之后的理论是否具有高饱和度的文本数据处理过程。高理论饱和度是指研究者无法从更多的资料查阅、分析中发展新的概念、范畴的特征状态。接下来用剩余的小组座谈文本资料进行理论饱和度检验。结果显示，模型中的类属已经发展得较为充分，对影响农户生产行为的三个主类属（生态素养、生态行为意愿活动机以及行为触发点），没有发现新的构成因子以及新的重要类属和关系。由此判定，上述行为触发模型在理论上是饱和的。

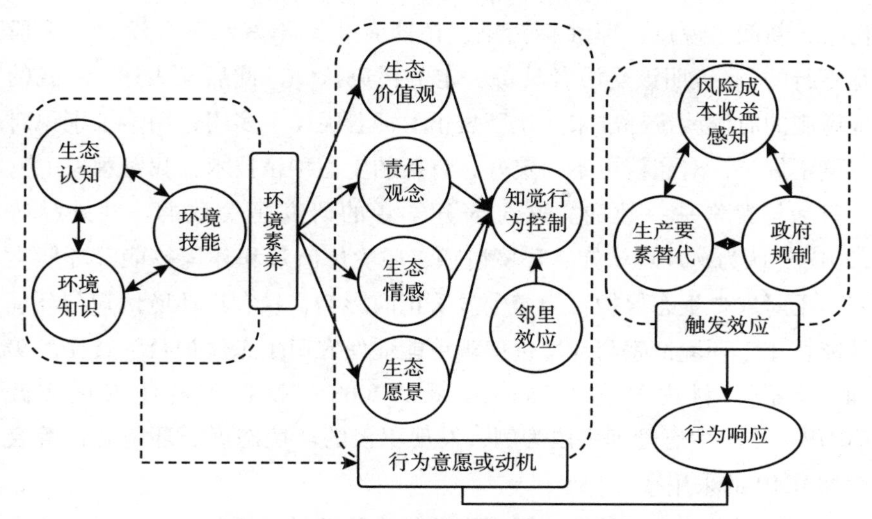

图5－2　农户农业生产面源污染行为故事线

资料来源：图中内容由作者在研究过程中归纳提炼。

第四节　农户农业生产面源污染行为模型阐释

通过前面分析，农户农业生产面源污染行为触发模型可以有效解释农户农业生产行为与面源污染二者之间的形成机理。具体来说，农户农业生产面源污染行为的影响因素可以归纳为以下三个主范畴：环境素养、污染动机以及行为触发点，然而它们对农户农业生产面源污染行为的影响方式和影响强度并不一致。

一、生态素养是农户农业面源污染行为的前置因素

农户的生态素养是农业生产面源污染行为发生与否的前置因素，其通过唤醒农户的内在意识而激发农业生产行为的发生。本书的部分深度访谈结果对此做了印证，如021F（此处数据指受访者编号，字母是指原始语句编码后的初始类属，见表5－2，下同）曾表述“我了解面源

污染，新闻里说过，那（指污染，访谈者注）不好治理，没有好手段是不行的”，表明该受访者具备一定的污染认知，此后又表述，“我的地施肥的时候就按标准来，化肥袋子上标着呢，不多用，用多了别说对环境不好了，对庄稼也不一定好，有新的生态种植技术？我愿意采用”，其行为与素养是一致的。这与部分学者的研究是一致的。刘妙品等（2019）认为，环境认知、环境情感、环境价值观和环境技能等环境素养因子对农户生态保护行为产生显著正向影响，且农户环境认知与环境技能相比于环境情感与环境价值观更能促使农田生态保护行为转变。美国学者普罗科皮等（Prokopy et al.，2008）以农业最佳管理实践（BMP）这一生态管理手段为例，发现积极的环境态度、环境意识等会增加 BMP 的采用率。

传统观点认为素养的不同决定着行为的差异，素养的提高预示着合理化行为的发生。但深度解析访谈的文本数据，本书却发现，环境素养对农户的农业生产生态安全行为并没有过高的约束强度，换句话说，环境素养会提高农户农业生产生态安全行为，但其并非决定性因素，甚至部分农户环境素养较高，在行为选择上仍然做出了非生态安全的农业生产行为。例如，244G 描述“我是大专毕业生，学农学的，农业生产会带来污染我在读书时就隐约知道点”，可见访谈者是具备一定的环境知识的，但其环境情感与环境伦理观淡薄，在生产行为选择时仍然忽略生态环境；244I 表述“如果把地膜全部清理干净确实有益于净化土壤，但需要人工成本，用犁地拖拉机跑两遍，能带出来的就放在地头上，带不出来的也在深埋进土里了，不耽误种地”，该访谈者同样知道地膜的危害，但其并没有对残余地膜进行无害化处理；亦有许多农户环境素养不高，生态知识匮乏，如“从未听说过农业面源污染”（132G），“我们种地怎么还污染大气了”（035G）；许多农户缺乏生态保护环境技术和经验，“什么测肥（指测土配方施肥，作者注），听说了，咱也不知道怎么做”（021H）。访谈资料显示，该类别农户在农地耕作时较多采用过量施撒农资行为。

二、生态意愿与农户农业生产面源污染行为的不一致

人类的行为受意愿的指引和驱使，或者说，意愿或动机是行为背后的秘密，是行为选择的内部情境因素。既往文献亦多假设行为意愿和行为具有完全一致性。然而在生态环境领域，学者们常发现人类的环境态度与他们的生态行为并非完全一致，尤其是在农业面源污染领域，存在典型的动机和行为不一致问题，然而现有文献尚未进一步深入分析其内在机理。通过本书的深度访谈和实证研究发现，农户的生态环境意愿和生产行为是否一致受以下因素的影响。

（一）农业生态意愿的生成路径影响行为指向

当农户的生态情感、责任意识主要来源于政治教化宣传或书本媒体说教时，其与行为的一致性可能大大降低。被访谈对象的一些代表性观点对此予以印证，如#126 访谈者描述“新闻上都说了，生态环境保护重于农村经济发展”（126E），但同时又承认“肯定打药啊，不打农药，将来没啥收成”（126H）等。而当农户环境意识来源于个体体验及实践时，态度动机与行为的一致性（包括短期效果和持久效果）会显著增加，如#101 访谈者提到“化肥撒多了土壤会有些板结，庄稼被烧死，来年地都不好种了”（101G），这种来源于个体体验的认知使得农户珍惜土地的生长性，从其表述“能让环境变好，多花点钱也行，收成少点也行，现在也不指望地里的收成”（101C）可以看出来。2008 年，中国环境意识项目（China Environmental Awareness Program，CEAP）的调查结果也显示，参与过相关环保活动的人群，其各项环保指数均值都显著高于没有参与过的人群。换句话说，当个体的生态意愿来自自身经验时，其行为与动机的一致性可能性更高。

（二）农户生态意愿强度影响动机行为一致性

当农户农业生态环境意愿相对较弱（指模糊甚至矛盾）时，农户主

动选择农业生产生态安全行为的可能性近乎为零。在前期调研的深度访谈中，受访者的观点多次印证这一点，如#211 访谈者表示“主要是我觉得中国人的素质、观念没有达到那种程度”（211A），#123 也描述“对，现在意识素质不够、还没有到那个高度，人家国外那多厉害”（123A），等等。可见，农户环境心理意愿要真正实现驱动农业生产生态安全行为的发生，还需要达到一定的意识“临界点”。当农户环境心理意识达到一定的“临界点”后，意愿-行为的一致性会随着意愿增强而显著提高。

（三）农户生态意愿结构影响行为预测效果

当农户生态意愿结构包含更多的情感、感动成分时，农户生态意愿对其生产行为选择的预测效果会显著增加。反之，当个体的意愿结构仅仅基于认识、知识成分时，则农户农业生态环境意愿对农户生产模式的预测效果会大打折扣。受访者的一些代表性观点如下：#019 访谈者表述“我们村有时候会有镇上的宣传车过来，用大喇叭广播，基本没人听”（019A）；#138 表述“听说过癌症村，看了新闻感觉挺可怕的，环境问题确实是大问题，种地也不能乱来”（138C）；等等。#019 和#138 访谈者在回答其他问题时曾向调研人员表述，“去年我在外地没及时赶回来上化肥，少赚好几千块，今年早早就撒上化肥了”“韭菜烂根，得把药埋在根里才成，我跟你说，耗子药我都在地里埋过，不然把种子都盗走了”，这说明仅仅将农业面源污染的危害和造成原因等“硬知识”推广给农户，并不能促使农户农业生产生态安全行为的发生。或许，告知农户如何处理污染以及处理污染会带来的好处等，能改变农业生态情感的“软知识”情况，#175 访谈者曾如是说，“不能发个传单就行，谁来指导指导，告诉我们该怎么做”（175D）。

三、农户面源污染行为的触发变量

前面提到，环境素养是农户农业生产生态安全行为选择的前置因素，环境意愿（动机）是农户农业生产生态安全行为选择的内部情境因素，但由于农户及农业生产的特殊禀赋，二者并不能决定农户农业面源污染生产行为的发生与否，真正触发农户农业生产面源污染行为的因素在于风险、成本收益感知、生产要素替代及政府规制，本书称之为触发变量。三个变量的关系如图5-3所示。用函数关系来描述就是B=F（M，A，T），其中B是行为（behavior），M是动机或意愿（motivation），A是生态素养（ability），T是触发（triggers）。农户农业生产面源污染行为模型可以有效解释农户农业生产面源污染行为的原因。在农业面源污染这一特殊的生态环境问题下，环境素养、环境意愿两个变量对农户生产行为选择的解释出现偏差，真正促使农户忽略农业生态安全选择农业生产面源污染行为发生的是触发因素。在触发因素中，政府规制是外在环境约束，生产要素替代是利益衡量后的行为选择结果，真正驱使农户采用“高投入高产出高污染”行为的内在根源在于农户的成本收益感知。

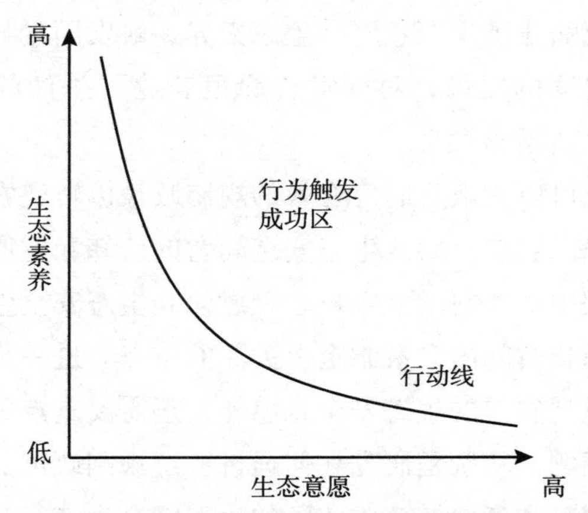

图5-3　生态素养-意愿-行为的触发函数关系

资料来源：作者依据研究结论绘制本图。

第五节　本章小结

本章围绕“农户农业生产面源污染行为选择”这一问题，运用扎根理论研究方法，根据问题导向和理论抽样，对农户农业生产的行为态度及行为选择的关系进行扎根分析，并在此基础上通过先期编码、聚合编码和理论性编码这三重规范编码过程建构理论。

研究表明，生态意愿、生态素养、触发因素这3个主范畴对农户农业生产面源污染行为存在显著影响。其中，环境素养是农户农业面源污染行为的前置因素；生态意愿是内部驱动变量，但却表现出与农户农业生产面源污染行为的不一致性；成本收益感知、生产要素替代及政府规制是行为触发变量。在此基础上，本书探索性地构建了上述3个主范畴对农户农业生产面源污染行为的作用机制模型（素养—意愿—行为触发模型），认为农户对因农业不当生产行为产生的农业面源污染有良好的认知，且大多农户重视农业生态环境安全，农户亦没有直接的污染意愿或动机，真正触发农户采取不当农业生产行为的主要因素是农户经营成本收益、生产要素替代及政府规制政策，其中，成本收益是最深层次的因素。该模型范畴化了生态意愿、生态素养、触发因素与农户农业生产面源污染行为之间的关系，对探索“绿色农业”生产的理论构架具有重要的理论和现实指导意义。

本章的研究可以为政府制定有效的规制政策以转变农业生产行为模式提供政策思路。农户对农业生态安全问题的认知和意愿，不一定体现在农业生产过程中，如何增强农户心理意识和生态安全生产行为之间的关联仍将是相当长时间内政策制定者关注的重点。进一步说，政策制定者的任务除了提高农户的生态安全意愿外，还需要重点关注意愿和行为之间的不一致问题，特别是研究如何通过特定规制政策的介入促使农户把潜在的生态素养和意愿转变成实际的生态安全生产行为。

第六章

农业面源污染规制工具应用及适用研究

农业面源污染规制工具或手段是规制路径的基本构成单元，是规制路径得以运行的“元件”和基础。本章的研究目的在于分析农业面源污染规制工具的应用及其适用性，用下文规制路径的优化设计提供参考。农业面源污染规制工具的供给是随着环境保护机构的构建和完善而丰富起来的。20世纪60年代晚期，瑞典（1967）首先建立了自治环境机构国家环境保护局；1970年，英国、美国及加拿大相继成立了环境部和美国国家环境保护局及环境部；1971年，法国成立了环境和自然保护部，日本设立环境厅。1972年联合国人类环境会议是讨论当代环境问题的第一次国际会议，彼时只有11个国家组建了国家级的环境部或局，且大多为西方工业发达国家。此后形势发生了很大变化，现在世界上大多数国家都有了各种形式的环境保护局或者环境保护部门等机构。至今，农业面源污染规制工具种类繁多。1997年，世界银行提出了环境规制工具矩阵，作为系统搜集和比较规制工具的组织原则。该矩阵根据规制标的，将规制区分为自然资源管理和污染控制两类：自然资源管理主要指水资源、林业资源、渔业资源、土地资源、可持续农业、生物多样性保护及矿产资源等，污染控制包括空气污染、水污染、固体废物、危险废物/有毒化学品等。矩阵将规制工具分为利用市场（using market）、创建市场（creating market）、公共部门传统规制（environmental regulations）及公众参与（engaging the public）四类。本章将结合这一分类思路阐述农业面源污染规制工具及其应用及适用状况。

第一节 利用市场使污染成本内部化的规制工具

在农业面源污染规制领域，利用的市场类规制工具主要包括环境税费、农业补贴、两阶段政策及金融保险规制等，通过改变行为人的利益关系，可以使其环境成本内部化，并能为行为人提供多种选择进行成本收益分析，从而在污染规制中受益。表6－1展示了国际范围内常用的利用市场类农业面源污染规制工具的类型、具体措施及适用范围。

表6－1　　农业面源污染利用市场类规制工具

工具	具体规制措施	优点及适用条件
环境税费	投入产出税；弹性环境税等	最接近农业面源污染有效监管政策的核心规制手段；信息不确定时应采用混合方案；随治污技术改进动态调整税制
农业补贴	激励农户采取有益环境的生产方式；农资补贴；补贴免除等	不支持排污者付费的原则颇受排污者欢迎；是农业面源污染规制中比较棘手的工具之一；需要尽心设计使用
保险规制工具	农作物保险计划；农业保险	农业风险足以导致农户选择非持续性农业生产行为时适用
两阶段政策	押金—退款制度；税收—补贴方案等	既具备最优庇古税的特征，又对监管需求较低的组合；当污染来自产品的不恰当处置时适用

资料来源：作者根据相关资料自行整理。

一、农业面源污染税费规制

对污染物征收环境税（费）是应用最早、最为普遍的经济规制手段。经济学家常把环境收费看作管理环境与自然资源最有效的一种工具，在农业面源污染治理领域亦是如此，如哈福德（Harford，1978）研究将环境税用于农业面源污染的控制，并认为利用环境税调节农业面源污染不但是可行的，而且可以实现效率配置。鲍温伯格和莫伊（Bovenberg and Mooij，1994）则进一步研究认为，环境税不但可以减少农业面源污染，同时可以提高农业产出水平，并将其称为环境税的“双重红利”。向平安等（2007）运用外部性理论和需求弹性理论推理出对氮肥征税可以有效控制氮肥面源污染。对肥料征税是一种间接的产品税费征收，芬兰、瑞典、奥地利等国家就是通过征收肥料税来控制水体中的氮排放，并将税收用于供水、污水处理以及支持农产品出口等。

投入产出税是指向有环境影响的投入物（原料）和产品征收环境税（费）征收“假定税”（presumptive taxes），即假定使用某种投入物或生产某种产出物会带来污染而对行为主体征收的费用。汉森（Hansen，2014）等认为投入产出税是最接近农业面源污染有效监管政策的核心要素。在环境管理领域，当环境收费是用来抵偿由污染所引起的边际社会损失时，该收费被称为庇古税。对于庇古税和假定税的适用情景，契帕迪叶（Xepapadeas，1995）曾提出：在控制外部性方面，当个人排放可以被监控时，庇古税是一种适当的工具；当监控环境污染而不是个人排放时，环境税被认为是适当的控制面源污染措施；在不确定的情况下，庇古税和环境税的混合是有效监管方案。因此，通常建议使用假定税或将庇古税和假定税相结合规制农业面源污染。

弹性环境税的采纳非常必要。肖特尔（Shortle，1998）等曾提出信息不对称问题的存在一定程度上阻碍了环境税等规制工具在农业面源污染防控领域的应用。通常情况下，环境税的有效实施要求掌握每一个污染排放者的排污水平，而这通常是难以实现的。从农业面源污染自身禀赋来说，其不同于点源污染的一个特征是污染排放的随机性，这种随机导致环境质量不确定且多个污染个体的排污量共同影响着环境水平，只有总体效应可以被观察到，无法有效观测农业生产者个体的污染行为及其排放水平。从管理机构的角度来说，观测每个个体的排放水平在技术上有困难，且观测和掌握这些污染排放的信息成本非常高。从污染个体来看，他们不能明确自身经济行为影响环境的结果，亦不能明确环境改变对他们收入或收益的影响。此时单一的征税、收费等市场政策工具规制面源污染的有效性值得商榷。此外，减污技术的成本会随着时间而发生巨大的变化。消除污染技术的进步，意味着实现消除污染损害的目标变得低廉，固定的税收会产生超过最优水平的减污量，那么税收有必要下降，对相应的税收水平必须进行评估，此时弹性环境税的重要性就呈现出来。

近年来，环境税费制度是欧盟国家规制农业面源污染的普遍做法，且多采取间接的方式征收产品税费，如芬兰、瑞典、奥地利等通过征收肥料税来控制水体中的氮排放。税收主要用于供水、污水处理、支持农产品出口等，由于税费的征收促进了能源和资源节约，欧洲国家的征税额正在逐年提高。环境税在美国很少征收，并且经常遭到抵制。日本政府则几乎不征收环境税。

二、农业面源污染的政府补贴规制

政府补贴是另一种常用的市场规制工具。补贴和税收相似，甚至部分经济学家将补贴理解为消极的税收。补贴规制工具没有履行排污者支付的原则，因而在排污者中颇受欢迎。20 世纪 60 年代，欧盟国家的一些农场实施生态耕作，根据欧盟规定，农场主拿出一部分土地用作野生动物的栖息地，由政府对其经济损失进行财政补贴。20 世纪 90 年代，德国、英国等建立了“适当的农业活动准则”，严控化肥施用，严格遵守规定的农业生产者能够得到政府补贴。美国也通过加强政府对农民的补贴推行土地保护政策。

在实践中，不合理补贴常有出现，其非但不能阻止外部不经济带来的环境破坏行为发生，反而会催生这些行为的发生。在农业面源污染领域，作为环境规制工具的农业补贴如果没有精心设计，就反而会加重生态问题。以中国为例，20 世纪 90 年代以来，中国政府不断丰富和扩大农业补贴范围，对农民购买农业生产资料（包括化肥、柴油等）实行直接补贴，这直接导致在农作物产量提高的同时，化肥、农药等化学物质过量施用。中国于 2006 年取消化肥行业的部分补贴和优惠政策，这在一定程度上缓解了化肥行业对资源环境的过度破坏，促使农户合理施肥。因此，从某种程度上说，“补贴免除”也是一种环境规制工具。然而，政府在取消化肥补贴的同时加大了农资综合补贴，两项政策在促使农户节约合理施肥方面作用相反。吴海涛等（2015）曾通过理论推导和实证检验发现，农业补贴特别是农资综合补贴越高，农户施用化肥与农药越多。补贴成为农业面源污染规制中比较棘手的工具之一。

三、两阶段组合式规制工具

两阶段规制工具（two-part instruments）是一种既具备最优庇古税的特征又对监管需求较低的政策组合。押金—退款制度是典型的两阶段规制工具，包含对可能导致农业面源污染的特殊项目的收费和标准达成后退款两个部分。富尔顿和沃尔弗顿（Fullerton and Wolverton，2000）认为押金—退款制度可用于农业生产过程中产生的任何废弃物。当面源污染的产生不是由产品的生产或使用造成，而是由于对产品的不恰当处置造成时，如农药包装废弃物、农用地膜等，针对产品征收环境税几乎是不恰当的，在这种情况下，排污者通过逐一回收并上缴产品来获取退款从而避免支付“排污税”的押金—退款制度可能是理想的规制工具。

农业面源污染常用的两阶段规制工具还包括税收—补贴方案，常用的方案有两种，一种对污染性产品、要素征收环境税，对废弃物进行回收的行为或者采用清洁技术行为进行补贴；另一种对超出基准排污量的部分向排污者收取税费支付费用，而当排污低于基准排污时对节约部分予以补贴。这两种方案在农业面源污染规制中均有实践应用。塞格松和吴（Segerson and Wu，2006）基于征税威胁足以诱导自愿遵守这一逻辑提出的自愿控制与环境税相结合的规制农业面源污染的联合政策方法，被认为不仅比纯自愿方法更有效，而且比单一的环境税方法成本更低。范庆泉（2018）提出的可以实现经济持续增长、环境质量提升和收入分配格局改善的三重红利的渐进递增的环保税及政府补偿率的环境政策组合，本质上也是一种两阶段规制工具。

四、保险规制工具应对农业内生风险

农业是一个天生具有风险的产业，农户所做出的关于耕作、灌溉、化肥和农药的施撒等决策都可能因受到不可控的自然状况影响而不能达到预期，此时农户将会偏好选择那些在短期内分散风险的策略，如扩大耕作边界、增加耕地载荷、超量投入化肥和农药等化学物质等，这些策略无疑会引起外部性并进一步增加农业面源污染风险。20 世纪 90 年代，美国农业政策逐渐转向以风险管理为核心，联邦农作物保险计划（federal crop insurance program）成为农业支柱政策体系之一。风险管理在有效保护农民收入、促进了农业发展的同时，也成为农业面源污染的规制手段之一。

在发展中国家，农业保险规制手段较为罕见。农户可以选择储蓄、财富转移或外出就业等方式暂时抵御风险，但并不能从根本上解决农业风险问题。他们规避风险的结果是导致不可持续的行为，如不敢采纳新的生产方法、坚持使用过度地使用化肥、农药等损害生态系统的生产方法等。尽管这些行为是不可持续的，但对农民个体来讲，是对保险市场缺失的理性选择。农业保险规制的缺乏主要有以下两个原因。一是农作物保险中不可避免的道德风险的存在。道德风险既可以表现为一旦购买了保险，人们就可能变得粗心大意，减少合理的生产行为和生产投资，也可以表现为企图故意欺骗保机构获得比实际更多的保险赔付。道德风险的存在直接影响着保险公司是否愿意对农民进行承保，通过农作物保险路径降低风险满足农民需要以规制农业面源污染变得困难。二是逆向选择的存在，即只有高风险的人才购买保险，这也导致了保险规制手段的不足。因此，当农业风险扩大，农户寻求不可持续的行为来应对风险时，最好的政策不是对使用化肥、农药征税或禁止，而是通过鼓励保险公司来提供缺失的保险市场。如果政府能够建立一套易于提供保险制度供给的方案，那么化肥、农药等生产资料的需求就可能会急剧减少。

第二节　创建市场规制农业面源污染类工具

在没有市场的地方创建市场是环境保护领域中的一种创新。当环境资源和服务市场缺乏并危及生态可持续发展时，“创建市场”是另一条利用市场的重要途径。农业面源污染的创建市场规制工具主要包括可交易的排污许可证和明确产权两种（见表6－2）。

表6－2　　　　农业面源污染创建市场类规制工具

规制类型	主要规制措施	优势及适用条件
可交易排污许可证或配额	水资源权；土地规划的可持续发展权；限额－交易计划	优势在于污染者通过获得财产权得到一定补偿；当环境资源和服务市场缺乏并危及生态可持续发展时以及污染者数量中等时适用
明确产权	稳定农地产权安排	降低农业经营风险，激励生产性投资，土地产权不稳定时适用

资料来源：作者根据相关资料自行整理。

一、可交易排污许可证及其应用

完全消除农业面源污染是不可能的，农业面源污染规制的目的在于将污染控制在一个合理的范围内。如果将该污染量以许可证或配额总量的形式公布出来，并规定出于人口增加、经济增长、技术更新等因素变动的要求，许可证具有可转让性，此时产生的规制工具被称为可交易排污许可证（tradable emission permit，TEP）。可交易的许可证鼓励了资源的有效利用并提升了经济主体对资源稀缺性及其价值的认知，有助于消除隐含在财产权缺失中的外部性并将其内部化，从而成为农业生态环境保护的动力机制。甚至优于污染者通过获得财产权得到一定补偿，可交易排污许可证规制工具有时被认为优于环境税规制工具。限额—交易计划（cap-and-trade programms）是目前为止最为灵活的排污交易计划，该计划在控制总排污水平的同时强调交易性、财产权的安全性。具体来说，管理者规定排污上限，然后将这些排污量的权利在污染者之间通过拍卖、继承或其他机制进行分配，分配好的权利能够自由地在污染权所有者之间进行交易。

排污许可证规制工具的采纳应注意三点：一是避免永久性地发放超额权利，当环境污染不能受到有效监管的情况下，分发持久的排污权就会带来风险，如果大量排污权很容易获取，那么削减污染源的动机就会大大减弱，因为污染者可以轻易买到超额的许可证而不会去削减排污量；二是避免某种污染物质拥有几乎不受规制的排放量，建立交易制度时务必谨慎，在一些极端的案例中，不合理排污许可对环境污染产生的负面影响甚至远远超过了许可证激励污染削减所获取的利益；三是许可证规制工具在污染者的数量为中等时最为恰当，如果参与者为数甚少，那么许可证将在不充分的市场中进行交易，这种情况可能会导致明显的市场扭曲。

美国政府更倾向于发放可交易许可证进行面源污染规制。20 世纪 70 年代末，为了保持国家或地区的总排污量的同时调节经济增长，美国开始推行排污量交易计划。20 世纪 90 年代，美国开始采用限额—交易计划，其针对硫氧化物和氮氧化物的排污交易计划被认为是一个巨大的成功的尝试。排污交易计划是建立在对超过规定水平排放量的自愿削减污染的信用基础之上的。这样一个系统不可能很容易地全面终止污染物的排放，针对特殊污染物，美国采用了逐步停止排放计划，如美国的铅逐步停止计划。美国之外的其他一些国家，如智利、英国、荷兰等也开始使用许可证交易计划来减少污染。

二、确权规制工具

明确产权是农业面源污染利用市场类规制工具之一，更是其他规制工具的使用所必需的先决条件。农地产权可以理解为农户与土地资源的一组权利关系，它可以帮助农户在交易时产生一种预期，从而规范农户的经济行为，实现资源的合理配置。不同的产权安排会导致农户选择不同的资源利用行为，其中就包括可能破坏生态的农用物资施撒过多等不可持续和没有远见的行为，这主要与农户对收益—成本的预期有关。一般来说，收益大于成本或达到预期时，农户才会采取积极的行为；而当收益小于成本或未达到预期时，农户缺乏保护土地的兴趣，就可能采取消极行为。可以说，安全稳定的农地产权安排能直接降低农业经营风险，激励生产性投资，激发农户生态环境责任感，促使其产生保护和合理利用资源的行为；不安全的农地产权则会导致农户的破坏性利用行为。

明确产权是中国政府规制农业生产活动的手段，对提高农地生产力和调动农户生产积极性具有重要意义。中国政府推行的农地产权改革中稳定土地承包关系、强化承包经营权等措施增加了农户的农地投入预期，遏制了农地利用短期行为，也遏制了农业面源污染。

第三节　公共部门命令—控制型传统规制

基于市场的农业面源污染规制工具通常需要大规模的监控，这一属性决定了其不能替代而只能用来补充传统的命令—控制型规制工具。经济学理论同样承认单纯的市场规制不能够充分改善生态污染，公共部门规制是必要的。

国家直接供给公共产品、技术直接规制以及执行标准规制被认为是传统公共部门规制的实质性工具，直接供给公共产品是指公共部门行使环境保护职能时调动其自身的人员、技术、信息等资源通过直接提供公共产品去解决一个特定的问题。但在过去的几十年中，高成本等劣势使得大多数政府避免直接生产产品或提供服务。常见的农业面源污染公关部门传统规制手段包括以下三类（见表6－3）。

表6-3　　农业面源污染公共部门传统规制工具

规制类型	规制措施	优势、适用条件及范围
技术直接规制	技术或条件限定；禁令或完全禁止	比较符合管理者和污染者双方的利益；省力
执行标准规制	制定标准	执行标准下有很大的灵活性，可以自主选择达到强制目标的排污方法；排污监控比较困难时适用
不可交易的许可证	发放许可证	不允许排污交易，对复杂的技术，对个体发放许可证是最好的选择

资料来源：作者根据相关资料自行整理。

一、技术、标准规制工具

在农业面源污染治理中，政府规制农业生产者、机构或其他经济主体的经济行为的其中一个方式是技术或条件限定，如农地耕作经营中针对化肥施用过量的测土配方施肥技术，为防止土壤肥力下降而采纳耕作或者休耕技术等。本质上，禁令也是技术规制的一种形式，特别值得注意的是，有一种特殊禁令，即零水平，也就是完全禁止，这对监控者来说是较为省力的，如对某些剧毒农药使用的禁令。

限制也是普遍应用的规制工具，对产量或排污强制实行某一限制的规制一般被称为执行标准。执行标准与强制技术的区别在于，污染行为主体在执行标准下有很大的灵活性，可以自由选择达到强制目标的排污方法。在污染源相对单一的情况下，制定标准可能会比实施排污许可证交易或污染税等市场手段更简便（简新华和彭善枝，2003）。另外，农业面源污染排污总是难以监控的，当监控变得非常困难时，规制者偏好选择能够使监控变得容易甚至不需要监控的规制工具，设计标准就是其中一种。

欧盟等发达国家和地区多采用相关技术标准和管理规则等规制工具。作为欧盟最强的经济实体之一的德国，对高技术标准在污染治理方面的应用非常重视，他们将标准与技术进步的强烈信念和先进的工程技术相结合，在农业面源污染规制方面取得了较大进步。然而这些没有提供经济激励的政策工具并不会促使农业生产经营主体自愿减少面源污染排放。从这一点来说，引入新的清洁型生产技术，实施良好的公共部门规制，往往无法有效解决农业面源污染问题。

二、不可交易许可证规制工具

公共部门传统规制工具还包括不可交易许可证，即通过向满足农业面源污染排污水平及强制技术规定的污染主体颁发交易许可证以规范其行为。不同于市场类规制工具，此类许可证不允许排污交易。不可交易许可证规制工具在农业面源污染中的应用不多，这是因为，对采用复杂技术的污染主体发放许可证或明确责任可能是最好的选择，尤其是当潜在的损害非常严重时，比如一些化学工业可能导致的污染。但当潜在的损害和风险并不严重时，可行的较好的规制工具可能是各种形式的自愿协议，或提供加贴标签的信息等公众参与类规制工具。

有研究证明，公共部门传统规制手段可以有效控制农业面源污染提高资源利用效率，对农业生态环境改善有着不可忽视的约束作用（王淑英等，2018）。在实践中，受知识、组织、技术、资金和人力资源缺乏的约束，公关部门往往优先选择传统规制工具而不会选择复杂的规制工具，或者认为环境的治理应该从传统规制开始，先进的如市场类规制工具留待以后使用。这种理念的不合理之处在于传统规制工具需要一个惩罚和强制系统，且这种惩罚和强制必须严厉到足以起到威慑直至制止某种不合理行为，但如果这一强制系统过于严厉，在实践中又无法实施，平衡度难以把握。正是因为这个原因，公共部门的传统规制工具更应和信息、法律和市场化工具结合使用。

第四节　公众参与规制工具及其应用

鼓励公众参与是农业面源污染规制常用的一种手段。早期主要通过环境宣传教育提高公众环境保护意识等方式来实现公众参与，现如今，公众已能在更广范围和更深意义上参与环境管理。这一转变是符合治理范式演变过程的，因为在理想意义上，“治理主要通过合作、协商、伙伴关系、确立认同和共同的目标等方式实施对公共事务的管理，是互动管理的过程（俞可平，1999）。”农业面源污染公众参与类规制工具如表6－4所示。

表6－4　　农业面源污染公众参与类规制机制工具

规制类型	规制目的	优势及适用条件及范围
自愿途径	自愿协议	可节约环境管制成本；适用于降低污染的产品或技术市场成熟且税收等工具的使用有一定困难的情境下
信息规制	标签计划、质量等级及证书、公众听证	在污染机理复杂、污染者与受害者之间权利不对等等导致传统规制工具失败的情形下可以采用的较为有效的规制工具
合作激励	合作监督	互为监督机制以及可信的惩罚政策足以阻止污染者偏离合作群体，从而获得良好的规制效果

资料来源：作者根据相关资料自行整理。

一、自愿途径规制农业面源污染

自愿途径（voluntary approach）是20世纪90年代中期兴起的大众参与类环境规制工具，后被应用于农业面源污染规制领域。作为规制工具的自愿途径是基于“污染消除可以通过污染主体的自愿行动而实现”这样一种假设，即污染者主动资源参与污染治理来实现环境目标，这是因为当面临诸如土壤或水体污染等大范围、高成本的面源污染问题时，污染者的主动性是最有利的。卡拉罗和莱韦克（Carraro and Leveque，1999）认为，对污染者来说，“自愿途径”是一种较为宽松的规制方式；对规制者来说，这是相对于其他规制工具（如税费、污染许可证等）而言规制成本较低的最好方式。尽管“自愿途径”不能完全取代其他的环境规制工具，但当降低污染的产品或技术市场成熟时，“自愿途径”是最有效的；当污染排放确认有困难时，“自愿途径”是税收工具的替代方案。

污染者的数量和市场结构对规制工具的设计和选择具有深远的影响，如果仅有一个污染者或者垄断者，决策者将趋于使用单独谈判、发放许可证或鼓励自愿协议等手段。自愿途径在欧洲、美国等国家或地区都有较为普遍的适用，如美国的环境自愿协议机制规定，自愿采取措施防治农业面源污染的农场主，政府将给予减免税额以及承担部分费用等。

二、信息规制工具

几乎所有的环境规制工具都对信息提出要求，而对公众开放信息本质上就是一种环境规制工具。以农药为例，尽管政府可能采用标准或技术规制手段对农药残留量做出相当严格的约束，但消费者还是会根据自己获取到的“非完全信息”并结合自己的偏好和经济能力选择农产品。这种选择给农产品生产者，即农户，传递了农药使用安全的错误信号，由此造成的农业面源污染被忽略。即便消费者拥有了通常只有农户才能掌握的信息，但由于化肥、农药及其他有害物质的污染机理相当复杂，这种信息也是不完全的。在这种情况下，信息可以被认为是一个公共产品，政府应该通过一些信号，如证明、标签等传播信息，引导农户合理开展农业生产行为，这就是环境贴标签计划（labeling scheme）。加贴标签作为一种规制工具既能够帮助农户从生产具有生态敏感性的产品中获益（如通过有机手段生产的水果或蔬菜等），又可以约束农业生产农业面源污染行为。

信息公开是在某些原因，如污染机理复杂、污染者与受害者之间权利不对等等导致传统规制工具失败的情形下可以采用的较为有效的规制工具。信息公开的途径主要包括标签计划，如日本推出绿色环境标签制度，鼓励消费者购买环保产品，没有绿色环境标签的产品则得不到市场的认可；质量等级及证书等，如欧盟在化肥和农药的管理上建立的严格等级制度，同时通过检查证书和技术，促进农场主使用合适的喷洒机器，避免过度施撒等。

三、合作激励规制与建立共识

农业面源污染源及污染主体的不确定性及监管困难导致管理机构设计新的规制工具，合作激励机制就是其中一种，其通过鼓励污染行为主体之间的合作来替代公共机构对每个排污者的直接管制。农业面源污染的合作激励机制同时也是一种合作监督。社会学和政治学的文献资料显示，在外部权威监督匮乏的情况下，行为人之间的监督通常是有效的。

虽然合作激励无法避免搭便车行为，但其互为监督机制以及可信的惩罚政策足以阻止污染者偏离合作群体，从而获得良好的规制效果。农户通常相互知道对方的生产方法，假设农民能够相互观察并有效监督彼此在降低面源污染方面的努力，合作激励机制将有效降低规制成本，而且行为人之间的监督通常优于外在权威机构中管理人员的监督。事实上，已经有实例证明，在民主协作的社区比在农民单独劳动的社区更容易形成土壤保护的习惯和增加农业生产率。日本农业面源污染规制工具之一建立共识（consensus building）就是一种合作激励规制，即公共机构和潜在的污染主体一起协商以达成共识。

第五节　本章小结

农业面源污染规制工具是规制机制得以运行的“元件”和基础。本章结合国内外农业面源污染规制实践阐述了农业面源污染规制工具的应用及其适用性，为下面动态权变规制机制的设计提供了参考。国际范围内农业面源污染规制工具种类较多，本书参考 1997 年世界银行环境规制工具矩阵的分类将其分为利用市场、创建市场、公共部门命令—控制型传统规制及公众参与四类。每一类规制工具都有着或节约规制成本，或解决污染外部性，或执行灵活的优势并有着一定的适用条件。主要内容如下。

（1）利用市场使污染成本内部化是较为常见的农业面源污染规制工具。投入产出税是欧盟国家规制农业面源污染的普遍做法，然而，由于农业面源污染的复杂性，单一的征税工具规制面源污染的有效性有待商榷。补贴是农业面源污染规制中比较棘手的工具之一，没有经过精心设计的补贴工具反而会加重农业面源污染。两阶段规制工具如押金—退款制度、税收—补贴方案等因兼具环境税的特征又对监管需求较低而受到实践层面的认可。保险规制工具是美国农业面源污染规制手段之一，但在发展中国家较为罕见。

（2）在没有市场的地方创建市场是环境管理也是农业面源污染规制的一种创新，具体包括可交易排污许可证和确权两个工具。前者的实施条件包括政府应避免发放永久性超额权利以及不受规制的排放量且污染者数量应为中等，以美国的限额—交易计划为典型；明确产权是中国政府的一项农业政策改革，对规制农业面源污染具有积极意义。

（3）公共部门传统命令—控制型规制工具是必要且不能被替代的。技术直接规制以及执行标准规制被认为是传统公共部门规制的实质性工具。德国将先进治理理念和工程技术相结合，在农业面源污染规制方面取得了较大进步。但没有经济激励的规制工具并不会促使农户自愿地减少面源污染排放，传统规制工具还应与信息、法律和市场化工具结合使用。

（4）鼓励公众参与是农业面源污染规制常用的一种手段。其中，自愿途径在欧美等国家或地区有较为普遍的适用，当降低污染的产品或技术市场成熟时，“自愿途径”是最有效的。信息公开是在某些原因，如污染机理复杂、污染者与受害者之间权利不对等等导致传统规制工具失败的情形下可以采用的较为有效的规制工具，如日本推出绿色环境标签制度，欧盟在化肥、农药管理上的等级制度。合作激励的互为监督机制以及可信的惩罚政策足以阻止污染者偏离合作群体，并降低规制成本，能够获得良好的规制效果。

农业面源污染规制工具的丰富给公共部门的规制工作带来挑战，如何在复杂的农业面源污染情境下选择合适的规制工具或手段成为决策者面临的关键问题。

第七章

县域农业面源污染规制机制构建

德国社会学家乌尔里希·贝克（Ulrich Beck，2018）在其《风险社会》中指出，环境风险“不仅是对健康的威胁，而且是对合法性、财产和利益的威胁”。环境风险一旦转变为突发性灾难性事件，将在极大程度上考验一国政府的公信力及合法性。因此，环境规制是各国政府维护其合法性的重要手段。随着农业生产与经营方式不断被解构，农业面源污染已然成为当下生态治理与农业发展的内生性结构障碍，农业面源污染规制被看作农业生态改善的初始驱动力。前面提到，新规制理论将规制问题看作一个最优机制设计问题，强调规制工具的丰富及规制机制的动态框架，基于此，本书将农业面源污染规制机制界定为以维护农业生态平衡、追求农业可持续发展为目的，政府机构通过运用相应规制工具而制定实施的各项政策与措施的总和，以及为贯彻执行这些政策与措施而做出的安排。此外，规制机制既应考虑政治法律框架下实现污染控制经济效率的目标，也应基于场地的特异，即县域农业面源污染的分异性，这一要求给农业面源污染规制机制设计增加了难度。本章将在前面分析的基础上，先后分别回答了县域农业面源污染规制机制设计的原则、县域情境与规制工具动态匹配的规制机制设计以及县域农业面源污染动态机制运行的保障机制三个问题。

第一节 县域农业面源污染规制机制设计约束

一、县域农业面源污染规制机制设计维度

县域农业面源污染规制机制是一项复杂的政策运行过程，其设计需要综合权衡多重因素。本书从整体一般规范和县域分异规范两个角度出发，遵循恰适和结果导向逻辑，借鉴埃利亚迪斯（Eliadis，2005）从工具到治理的设计理念列出了县域农业面源污染规制机制设计的维度，即合法性、可接受性、可行性和效率性。如表7－1所示。

表7－1 县域农业面源污染规制机制设计维度

	一般规范	分异规范
适用逻辑	可接受性 （结果宜人性和权威认可）	可行性 （它适合吗?）
结果逻辑	合法性 （它没有违反制度、法律法规）	效率性 （它有效吗?）

资料来源：作者根据相关资料自行整理。

一般规范的可接受性是指所设计的县域农业面源污染规制机制在宏观层面应符合社会经济发展目标，政治上获得权威认可，在微观层面规制政策能够充分考虑民众的接受性，结果宜人。在当今社会，规制政策的可接受性已经成为评价规制手段好坏的重要标准。县域分异规范的可行性适用逻辑是指，规制政策手段作为一种能够导致新的利益分配格局的行为准则，应该能够贯彻执行下去，进一步说，规制工具的采纳既不会引起其他成本的增加，各相关主体包括污染者、规制者在内的利益也不会被侵害。合法性是一般规范的结果逻辑，是指规制手段应当符合法律和传统规范，指向公共利益价值。规制手段合法性不仅是一个重要的法治

问题，也是社会秩序得以形成的重要变量。效率是一个古老的经济学论点，经常用来支撑市场化工具。分异规范的效率环境规制机制设计的根本准则在于成本有效性，意味着规制工具应以最小的成本达到环境目标。

二、县域农业面源污染规制机制设计原则

梯若尔和拉丰（Tirole and Laffont，1993）认为新规制理论应强调规制模式的包容性、规制手段的综合性以及规制机制的动态系统性。结合前文分析，本书认为，县域农业面源污染规制机制设计将遵循以下原则。

第一，开放性原则。县域农业面源污染规制机制的开放性首先表现在规制手段或工具上。开放性的农业面源污染规制机制应该具备丰富的工具供给，并且随着科学技术的迅猛发展，将大数据、云计算、人工智能等新一代信息技术等纳入规制工具中来；其次，农业面源污染规制主体超越公共部门规制机构，将农户纳入规制主体，同时注重环保社会组织、民众、社会新闻媒体的作用，构建一个更为开放的多中心治理网络；最后，开放性的农业面源污染规制内涵将不断深化、拓展和延伸，从传统的农业面源污染管控、农村及农民生态权利保障到农村生态环境建设与发展、环境正义与责任乃至全社会人类命运共同体的共筑，重塑农业面源污染规制理念。

第二，整合性原则。就规制工具本身来说，其选择时常会受到诸多因素，如政治、经济、社会、法律、技术、社会传统、文化习俗等整体规制环境的影响，这也是为什么规制机制常常呈现地域或部门特征的原因之一。农业面源规制机制应嵌入规制环境中，与规制环境相糅合才能发挥功效。上一章对农业面源污染规制工具的研究证实了规制机制的设计并不是简单的工具选择，由于需要在变化的环境条件下同时满足如效率、可持续性和公平等多个目标，通常要适时排列并整合相关工具以实现多重目标。比如霍兰（Horan，2001）为了方便农业面源污染监管者鼓励减排的同时关注减少损害，设计了一种整合的公共选择模型。

第三，权变动态性原则。规制无法在真空中起作用，农业面源规制

路径对整体规制环境有很强的依赖性。在规制路径优化设计时，通常会面临以下情况，当减污技术可以达到环境治理目标时，技术规制就是有效的；当技术性减污措施存在困难时，就需要采纳其他规制手段予以替代。以农用地膜为例，当前尚未有完全降解技术，减少农膜的消费就是必要的，这时可以选择能够对产品的产出影响的税收或可交易许可证这样的市场化工具；而当农膜可以实现完全降解时，就可以采纳技术规制措施。中国各县域农业面源污染状况分异明显，针对不同环境情景采用不同规制手段的权变原则有利于提升农业面源污染规制效度。农业面源污染规制路径的设计倘若对此考虑偏颇，所采纳的规制工具就往往容易引起诸多的副作用和反效果，出现“补偿性回馈（compensating feedback）”现象（圣吉，2007），即用来解决问题的规制本身反而变成了一种亟需解决的问题。

第二节　农业面源污染县域规制的动态运行机制

县域农业面源污染规制运行机制是规制主体借助一定的规制工具或手段优化资源配置以实现预期目标及效果的过程，规制工具的选择是机制运行的基础，而合适的规制工具要求与环境情境相匹配。

一、农业面源污染的县域情境属性

第四章在检验了农业面源污染的空间影响效应之后，构建了县域农业面源污染影响因素模型，结果发现，农业机械化、人口密度以及土地生产能力对县域农业面源污染排放均有显著影响，是县域农业面源污染的直接影响因素，换句话说，在农业面源污染话语下，农业机械化、人口密度以及土地生产能力勾织成了县域规制不可脱离的关键情境。依据前文的梯度决策研究结论，变量数值处于横梯区间的为 N，意味着此时变量对农业面源污染影响不大；处于爬升区间的为 Y，意味着此时变量对农业面源污染有着显著影响。具体而言，如果县域农业机械总动力处于40万～100万千瓦特之间，则情境标注为Y，否则为N；如果县域人口处于200～700人/平方千米范围内，则情境标注为Y，否则为N；如果县域土地生产能力，即单位耕地面积的粮食产出水平处于3000～10000千克/公顷的变动幅度内，则情境标注为Y，否则为N。

在第五章影响县域农业面源污染的农户微观行为分析中，研究发现农户“高投入高产出高污染”行为主要受到农业经营成本收益、生产要素替代以及政府规制力度的影响，其中，农户农业经营收益是农户行为选择的关键因素，是重要的规制环境变量，如果农业经营收益符合农户预期，则会鼓励农业生产的可持续行为发生，如果农户经营收益低于农户预期，则可能产生“短视”行为，加重农业面源污染，这时候市场化手段是不合适的，政府直接规制往往是合理的。

至此，县域农业面源污染规制关键情境变量共有4个，分别为农业机械化情境、人口密度情境、土地生产能力情境及农户农业经营收益，将以上4个环境变数任意组合成16种环境情境，如图7－1所示。

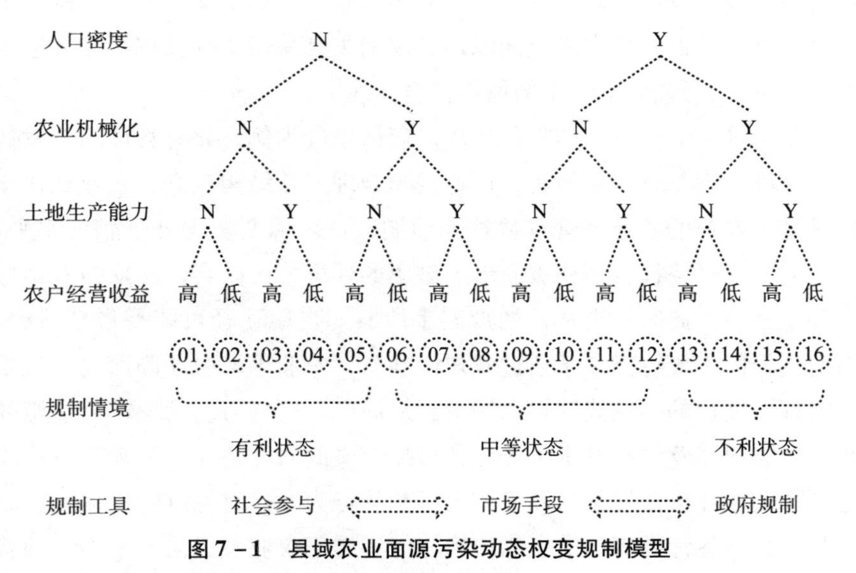

图7－1　县域农业面源污染动态权变规制模型

资料来源：作者根据本书研究内容自行绘制。

二、基于情境匹配的农业面源污染县域规制机制构建

将农业面源污染全部净化为零以便从根本上解决问题的最优策略只能是一种理想状态，农业面源污染规制本质上是一项遵循有限理性的满意决策。从决策理性的角度来讲，农业面源污染规制就是通过丰富规制工具供给构建恰适的规制机制来寻求最优污染水平，将污染程度控制在一个合理量上。能否有效利用规制工具在很大程度上影响着政府职能的妥善履行，正所谓先“利其器”方能“善其事”。前面第六章在常用的环境规制工具中提取了农业面源污染规制工具，并分析了各自的适用条件及应用状况，本章首先结合中国县域农业面源污染的现状确定了规制工具设计的原则，接下来将基于前面县域治理与农户行为对农业面源污染的影响，分析构建县域农业面源污染规制的动态运行机制。为了更直观地呈现县域农业面源污染的权变规制路径，将前面提到的利用市场类、创建市场类、环境规制类、公众参与类规制按规制力度由弱到强及社会力量介入程度由高到低，分为社会参与、市场手段、政府规制三个维度。结合前面对各类农业面源污染规制工具使用条件及在国际上应用情况的分析，绘制图 7－1 的情境拟合曲线。

情境⑪～⑮为有利的规制环境。以情境⑪为例，此时县域经济发达人口密度合理，就农业而言，产业规模合理产业结构良好，农业现代化水平高，农户的农业经营收益符合预期，各环境变量均处于较佳水平，这样的一个经济社会结构极易形成健康的环境公民社会，民众拥有良好的环境素养，此时，更宽松的规制手段，如自愿途径可能是最合适的。自愿途径的主要特征在于通过农户的参与，农业生产中琐碎而复杂且难以管理或征税的问题能够得以解决，从而产生创造力。情境⑫与情境⑪相比，农户经营收益发生了变化，根据前文的研究，农户经营收益不能达到预期往往会激发其对环境做出不利的行为，这时可以采用信息规制工具，如标签计划等。情境⑬和情境⑭均属于农业现代化水平不高的状态，或许是因为技术采纳成本高，或许是因为农地细碎化程度高，规模

经营较难实现，污染主体多，这时可以采纳合作激励计划，即公共部门制定有一定力度且可信的惩罚政策，通过农户间的互为监督机制阻止污染者个体偏离合作群体的不利行为发生，以获得良好的规制效果。情境⑤所代表的县域，人口密度较低，其他情境变数均处于较佳水平，这时亦可以采用参与型规制手段。

情境⑫～⑯为规制环境不利的状态。尤其是情境⑯，4个情境变数均处于低位状态，经济发展水平低，农业产值缺乏优势，农业现代化程度低，农户收益低，这种情境下采纳市场手段往往会受到抵制，而自觉自愿的规制手段由于没有实施土壤而效度不佳，由公共机构直接规制反而是恰当的，如发布禁令或限制等。情境⑮与情境⑯的差距仅在于农户的经营收益，当农户能够从农地经营中获取较高收益，农户的生产行为更符合环境预期，这时可以采纳相对来讲拥有较多自由度的制定标准规制。情境⑬与情境⑭同属于农业现代化水平较高的状态，这说明农业机械化程度较高，或农户对农业技术的吸纳程度较高，采用技术规制可能收到较好的规制效果。

其余情境为中间状态，即不能单一地将这类情境划分为对农业面源污染规制有利或不利的情境，包括情境⑥～⑪，这种情况可以采纳利用市场或创造市场类规制工具。以情境⑧为例，该情境中社会经济发展水平较高，但农业发展相对落后，农业产值不高、农业现代化程度低，农民不能从农业经营中获益，这时可以采纳农业补贴的规制工具，在限制农业面源污染发生的同时，激励农业生产。

根据县域规制情境，采取恰当的规制工具可有效地将农业面源污染规制绩效提高到最大程度。前面所描述的16种情境对应的规制手段一定程度上只是一种理想的状态，同时，这16种情境并非绝对，在实践中可能介于两种情境之间，因此，选择规制工具时可能是单一的规制工具也可能是多种规制工具及其组合，但一般来说，规制工具的选择应当经过精心设计，当县域农业面源污染规制情境非常有利时，采取社会参与类规制手段是合适的，当规制情境不利时，应加大规制力度，采取政府直接规制手段，而当规制情境处于中等状态时，市场规制手段更为有效。

研究设计的县域农业面源污染规制路径强调效果，强调农业面源污染的有效规制需要采取什么样的规制工具，这无疑为农业面源污染的治理提供了新方向；这一体系的重要之处在于将规制手段和县域情境联系起来，表明并不存在一种绝对的最好的规制工具，农业面源污染规制必须具有适应力，自行适应县域情境的变化。

第三节　农业面源污染县域规制实施的保障机制

社会科学领域范式中的机制概念，多出于人们某一方面的主观意愿，如前文的规制机制，或常见的激励机制、竞争机制，目的在于通过机制的运行实现愿景。农业面源污染县域规制的目的在于实现农业生态安全可控的愿景。事实上，任一愿景的实现均不能脱离社会系统，换句话说，农业面源污染规制机制发挥作用不能脱离其他机制的支撑。此时，迫切需要建立一系列保障机制来协助实现县域农业面源污染规制的最终目标。

一、农业面源污染法规保障机制

中国目前尚无专门的农业面源污染防治法，但有关农业面源污染防治的法律法规并不稀缺。最早规定防治农业面源污染的立法文件是2008年修订的《水污染防治法》，在《农业法》《环境保护法》《土壤污染防治法》等法律文件中亦可见有关农业面源污染防治的相关法规。比如2012年修订的《农业法》第58条提到“合理使用化肥农药、农用薄膜，……防治农用地的污染”；2014年修订的《环境保护法》第33条提到“科学合理施用农药、化肥等农业投入品，……防止农业面源污染”。2018年通过的《土壤污染防治法》是土壤污染防治的专门性法律，一定程度填补了农业面源污染领域土壤保护的立法空白。这些法律文件中有关农业面源污染的规定大多抽象或几句带过，缺乏具体的操作性规定。整合现有法律法规是现阶段规范治理农业面源污染的迫切要求，也是农业面源污染规制机制运行的重要保障。

法规保障重在贯彻落实相关条款。《环境保护法》第33条规定“县级、乡级人民政府应当提高农村环境保护公共服务水平，推动农村环境综合整治”，第49条规定“县级人民政府负责组织农村生活废弃物的处置工作”，这实质上已经将农业面源污染治理权限下放到县域层面。贯彻落实这些条款要求将农业面源污染防治纳入县域政府绩效考核，并强化财政保障，加大财政预算在农业环境治理方面的投入。

二、农业面源污染社会参与机制

政府在农业面源污染规制中起主导作用，但在农业面源污染规制运行机制中，将农企、非营利组织及农户等社会性力量吸纳到组织领导或决策监督中去，营造政府与公众共同治理农业面源污染的浓厚氛围，既是社会力量参与环境保护的权利，也是县域农业面源污染规制的内在需求。

第五章对农户“高投入高产出高污染”行为的探索性研究分析表明，农户对农业生态安全问题的认知和意愿与其农业生产行为并不一致，这提示政策制定者应采取相关举措促使农户把潜在的生态素养和意愿转变成实际的生态安全生产行为。完善污染治理参与机制，强化农户主动参与权可以有效提升二者的关联。对规模较大的农户，如家庭农场或农业企业来说，可以借鉴发达国家的农业面源污染治理经验，通过自愿性协议构建政府与农企的信任合作伙伴关系，强化农企的主动参与意识和责任感，提升其从事农业生态保护的能动性。非营利组织是政府与公众沟通的桥梁，公众对其有着一定的信任度，鼓励其参与农业面源污染治理能克服传统的结构锁定问题，有助于创新型农业面源污染规制路径的推行。此外，还可以通过媒体的宣传使农户自觉践行“绿色农业”生产模式，并最终建立起政府、社会以及农民在内的协同共治格局。

三、农业保险机制及农业投融资机制

农业是天生具有风险的产业，农业风险的发生会给农户造成经济损失，影响农民及其家庭生产劳动的继续，破坏农业生产的连续性。中国农业保险覆盖面窄，农户通常选择加大农业投入品等威胁生态安全的道德风险行为来抵御可能面临的生产风险，这也是导致农业面源污染加重的因素之一。农业保险正是通过补偿农户意外经济损失，分散农户风险，使农业生产保持稳定。完善的农业保险机制可以解除农户及其生产的后顾之忧，并促使农户以更大的精力与热情采纳新技术，主动规避农业生产农业面源污染行为，改善农业面源污染规制情境。

“绿色农业”是县域农业面源污染规制的最终目标，也是中国农业可持续发展的方向性选择。发展经验表明，能否有效获取所需资金是绿色农业发展的关键。由于农业的周期性及高风险特征，绿色农业内生资金往往供应不足，需要依靠外部资本供给，而金融机构往往出于对不可控金融风险的顾虑不愿承担风险，导致农业资金短缺。发达国家一般将政府财政收入与政策性、合作性以及商业性融资机构有机结合，建立起稳定高效、与环境相适应的投融资机制。当前，中国农业金融保险机制不健全，估计在一定时期内绿色农业在规模和可持续性上难以取代化学农业。保险和金融服务的提供对农业生态环境的可持续发展是重要的。然而保险和金融业务的启动并非易事，需要决策者通过培训和教育建立必要的制度来消除障碍，为其发展提供便利。

第四节 本章小结

本章为研究的最终落脚点。在研究设计的逻辑架构中，本章的先行研究分为两部分，一是县域农业面源污染的宏观影响因素和微观视角下的农户农业生产面源污染行为影响因素，二是农业面源污染规制工具及

其应用适用研究。两者共同决定着本章的重要研究内容，即县域情境与规制工具的匹配机制，为了保障该机制的正常运行，本章又提出了县域农业面源污染法规保障机制、社会参与机制以及农业金融保险机制。具体内容如下：

第一，针对选择县域农业面源污染规制工具的问题，首先从整体一般规范和县域分异规范两个角度出发，基于适用和结果逻辑列出了县域农业面源污染规制机制设计的维度，即可接受性、合法性、可行性和效率性，提出县域农业面源污染县域应采取权变动态规制；其次分析了县域农业面源污染动态权变规制机制设计应遵守的开放性、整合性、权变性的准则。

第二，优化县域农业面源污染权变规制路径。将县域农业面源污染规制的关键情境因素分为农业机械化、人口密度、土地生产能力以及农户经营效益 4 个变量，将各变量任意组合成 16 种环境情境，结合前面对各种农业面源污染规制路径适用条件及在国际上应用情况的分析，拟合后绘制权变曲线。结果发现，一般情况下，当县域农业面源污染规制情境非常有利时，采取社会参与类规制手段是合适的；当规制情境不利时，应加大规制力度，采取政府直接规制手段；而当规制情境处于中等状态时，市场规制手段更为有效。

第三，保障县域农业面源污染规制机制的运行，首先，应整合现有农业面源污染法律法规并将相关规定落到实处，构建起农业面源污染法规保障机制；其次，构建农户、农企、社会非营利组织协同的社会参与机制；最后，基于农业自身属性，完善农业金融保险市场，健全农业金融保险机制。

总之，在县域农业面源污染规制中，没有固定的规制模式，也不存在独立的规制机制，基于市场、基于信息、基于公众参与的规制工具和传统的规制手段都有其发挥作用的空间。在特定情况下，哪一种规制机制更有效，取决于其所处的环境情境。县域农业面源污染规制机制的构建不是为了构建一种前所未有的模型，而是为了推动现实发生改变，其检验的根本标准在于效用。县域政府应努力从制度创新角度，在兼顾农产品安全与环境保护的双重目标下，逐步调整或采用合理的农业面源污染规制手段，提高农业面源污染规制能力，积极引导、鼓励农户采用亲环境农业生产技术，优化农产品产业结构，争取以较小的资源代价实现农业增值增效、农民增收，推动中国农业向高效益低消耗方向转型，向现代化的、环境友好型的绿色农业转变。

第八章

研究总结

农业面源污染导致的水体及土壤等立体污染已严重影响到农业生态安全，制约着社会经济的可持续发展，而农业面源污染的随机性、不确定性以及污染负荷时空差异大等特征又决定着点源污染规制中常用的控制方法，如浓度控制、集中处理等无法用于农业面源污染，农业面源污染规制已成为环境管理中不可或缺且极为迫切的层面，更是现代农业和区域可持续发展的重大课题。作为全部研究的收尾环节，本章将先概括前述各问题的主要结论，之后提出政策建议并对农业面源污染的研究工作提出展望。

第一节　研究总结与主要研究结论

本书借助环境联邦主义、外部性与空间相关理论、新规制理论及政策工具理论等重要理论，利用概念分析法、统计分析法、空间分析法、KERNEL 密度估计、静态面板数据模型、R 语言建模，以及梯度提升决策树模型、扎根理论等量化及质化分析方法，基于 2000 ~ 2018 年 561 个样本县域面板数据及农业生产者深度访谈数据对县域农业面源污染影响因素及规制路径进行多维研究。首先，在文献及理论基础梳理中论证本书价值，架构研究路径；其次，分析农业面源污染源态势及规制机理，从中国农业面源污染规制演变中探寻农业面源污染县域规制逻辑；再次，分别从空间、经济社会环境以及农户行为动机层面实证检验县域农业面源污染关键影响因素；最后，在农业面源污染规制工具适用及应用研究基础上，将规制工具与由关键影响因素勾勒出的县域情境相拟合，设计县域农业面源污染动态规制路径，并为该体系的运行设计保障措施。

纵观各章内容，主要围绕以下几个问题展开。

（1）农业面源污染研究经历了哪些研究阶段？当前研究热点及将来研究趋势是什么？本书有着怎样的研究价值？本书将如何开展？（2）如何理解县域、农业面源污染及农业面源污染规制机制？哪些理论对本书提供了启示？（3）农业面源污染污染源有哪些？当前态势如何？农业面源污染有着怎样的形成机理？中国农业面源污染治理政策是如何演进的？（4）如何评价县域农业面源污染？其现状如何？（5）宏观视角上，哪些因素在多大层面上影响县域农业面源污染？（6）微观层面上，农户“高投入高产出高污染”的农业生产行为是如何发生的？受哪些因素的影响？（7）全球视野下，农业面源污染规制工具有哪些？是如何应用的？适用条件是什么？（8）县域农业面源污染规制机制的构建原则有哪些？如何构建与县域情境相匹配的农业面源污染规制机制？机制的顺利运行需要哪些制度保障？（9）本书做了哪些工作，有何政策建议？

本章在农业面源污染的研究工作基础提出以下展望。

（1）国际视野下农业面源污染研究总体状况。本书借助文献计量工具 CiteSpace 对国际范围内农业面源污染研究进行全景化分析，计量结果表明，发端于 1976 年的农业面源污染研究具有较强的波段特征，在 20 世纪 90 年代完成了以“农业面源污染及污染源识别”为特征的概念化阶段发展之后，受知识溢出的推动，于 20 世纪末进入以“污染原因、影响因素解析及迁移机理”为特征的细化及研究工具建设阶段，并于 21 世纪初推进到以“模型模拟研究”为主要特征的工具研究丰富阶段。当前，处于以治理为主题的研究扩张阶段，水质管理政策、模型模拟技术的适用及拓展及最佳管理实践效益等仍然是主要的研究区域，研究趋于多元化，在污染源研究以及模型研究的基础上，更注重系统研究及污染治理政策研究。

（2）农业面源污染污染源态势、污染生成机理及县域规制逻辑。本书首先分析了省际层面上农田化肥、农药及农用地膜等农业面源污染源的总体态势，结果表明，在“零增长”政策引导下，中国近年化肥、农药和地膜等投入在增速上均放缓，甚至部分地区出现下降，但施用总量仍然处于高位；农用化学品不合理施用区域多位于农业大省，且在地域分布上呈现由东向西递减，这种分布形态是对分异化治理政策的呼吁。其次，本书展开对农业面源污染生成机理的分析，认为作为农业发展到化学农业阶段的外部性产物，农地产权不完整、产权持续期限不稳定以及土地发展权缺失等产权强度问题是农业面源污染发生的重要原因；农业面源污染是农户成本—收益衡量以及农业风险规避的理性选择，这意味着仅以道德或者法律等手段规制农业面源污染往往难以奏效。最后，本书在梳理中国农业面源污染规制政策演进的基础上，提炼了中央政府与地方政府在农业面源污染规制中权责分配关系的嬗变，认为县域层面规制或是提升农业面源污染治理有效性的关键路径。

（3）县域农业面源污染空间及经济社会影响因素研究。本书以2007年和2017年国务院组织的两次全国污染源普查中采用的农业面源污染系数为基础，结合县域地形地貌、种植特征等综合确定了兼具权威性、实践性和科学性的县域农业面源污染系数，并测算了县域农业面源污染数值。基于2000~2018年561个样本县域的面板数据检验县域农业面源影响因素。借助KERNEL密度估计直观呈现了边界县域与非边界县域农业面源污染的空间分异状况，利用静态面板随机效应模型检验边界变量对县域农业面源污染的影响，结果发现位于省际边界的县域农业面源污染高于非省际边界，在当前农业面源污染治理中存在“边界忽略”型不均衡治理。“边界效应”的存在证明农业面源污染县域规制的必要性。静态面板模型的回归结果同时表明县域农业面源污染受农业机械化、人口密度、土地生产能力、农业经济规模、农民收入、农业劳动力投入比例等经济社会影响因素的影响。本书进一步利用梯度提升决策树模型（GBDT）分析各影响因素的贡献度及其与县域农业面源污染的梯度效应。结果表明，县域层面农业机械化、人口密度以及土地生产能力等变量在农业面源污染重的相对贡献度分别为58.17%、19.45%以及5.54%；其中，农业机械化变量的梯度区间为40万~100万千瓦特，人口密度变量的梯度区间为200~700人/平方千米，土地生产能力变量的梯度区间3000~10000千克/公顷；梯度区间可以为农业面源污染县域提供直观的决策提示和参考。

（4）农户农业面源污染行为的探索性分析。本书认为人口统计因素及社会环境因素对农户“高投入高产出高污染”生产行为选择的解释力远不及心理意识因素，据此，本书以2017年和2020年两阶段农户深度访谈获取的文本数据为基础，利用扎根质性研究方法围绕农户农业生产面源污染行为这一主题进行了探索性分析。研究表明，农户生态意愿、生态素养、触发因素对农户农业生产面源污染行为存在显著影响；农户对因农业不当生产行为产生的农业面源污染有良好的认知，且大多农户重视农业生态环境安全，农户亦没有直接的污染意愿或动机，然而，作为农业面源污染前置因素的生态意愿和作为内部驱动变量的生态素养并不能有效预测农户行为，真正触发农户采取不当农业生产行为的主要因素在于农业经营成本收益、生产要素替代及政府规制，其中，农业经营成本是农户污染行为发生的最根本的原因。

（5）农业面源污染规制工具的县域适用研究。本书借鉴1997年世界银行提出的环境规制工具矩阵的分类思路，在广泛查阅文献的基础上，将农业面源污染规制工具分为利用市场、创建市场、环境规制以及公众参与4类。利用市场使污染成本内部化是较为常见的农业面源污染规制工具，包括环境税费、农业补贴、金融及保险规制工具、两阶段政策等；在没有市场的地方创建市场是环境管理也是农业面源污染规制的一种创新，具体包括可交易排污许可证和确权两个工具。公共部门传统命令—控制型规制工具是必要且不能被替代的，以技术直接规制、执行标准规制、不可交易的许可证等为典型；鼓励公众参与是农业面源污染规制一种新型手段，主要包括自愿途径、信息规制、建立共识、合作激励等工具或手段。为了能更好地提供决策参考，本书同时分析了各类规制工具的优点及适用限制。

（6）县域农业面源污染规制机制的构建。本书认为，县域农业面源污染规制机制设计应遵守可接受性、合法性、可行性以及效率维度约束，并坚持开放性、整合性、权变性的准则。本书基于前文研究，将县域农业面源污染规制的关键情境因素——社会富裕度、农业优势指数、农业现代化、农户经营效益任意组合，构建了16种环境情境，并借鉴国际经验为其匹配合适的规制工具，构建了县域农业面源污染规制机制。本书认为，当县域农业面源污染规制情境非常有利时，采取社会参与类规制手段是合适的；当规制情境不利时，应加大规制力度，采取政府直接规制手段；而当规制情境处于中等状态时，市场规制手段更为有效。此外，为了保障县域农业面源污染规制机制的运行，本书认为，应整合现有农业面源污染法律法规，构建农业面源污染法规保障机制并将相关规定落到实处；还应构建起农户、农企、社会非营利组织协同的社会参与机制，并完善农业金融保险市场，健全农业金融保险机制。

第二节 政策启示

本书设计的县域农业面源污染规制优化路径可以为县级行政单位的农业面源污染治理提供直观的决策建议。县级行政单位可以根据自身各情境变量的组合确定情境类别，查找相对应的规制工具，从而作出决策。除此以外，本书至少还具有以下方面的政策启示。

（1）全国层面落实农业面源污染县域规制。如何让“绿色农业”的顶层设计和政策供给落地生根、将农业面源污染治理推向纵深，关键在县域，县域是国家权力机构的末梢和治理职能的落实者。首先，应全面整合农业面源污染相关法规，以法律形式明确县域治理权责，以完善的法治倒逼农业生态质量提升；其次，财政政策逐步向县域政府倾斜，向农业环保工程及污染防治等倾斜；最后，把农业绿色生产率指标列为县级政府业绩考核标准，把农业资源利用效率和农业生态绩效纳入干部考核范围，控制各类可能的农业面源污染产生路径。

（2）在规制手段上，县域政府应精心设计农业面源污染规制工具，提升农业面源污染规制能力。规制的不合理设计或盲目加强不但不能推动“绿色农业”发展，反而可能威胁粮食安全。意图实现农业发展农民增收和环境保护的“双赢”，关键还在于规制工具的精心设计和合理使用。一方面，要结合县域情境选择合适的规制工具，应及时调整不合理补贴，避免激励负效应，将农业综合直补向低毒高效易降解的农用化学品倾斜，启动农膜回收或以旧换新补贴，推广测土配方施肥等。还应谨慎使用经济规制工具，鼓励并推广社会参与规制工具，正面激励农户使用环境友好型投入品，抓住机遇走向“绿色农业”。另一方面，规制工具在农业面源污染领域的应用应与“三农”持续深化改革相配合，避免政策堆积。

（3）在农业生产者观念塑造和行为引导上，县域政府在塑造绿色价值观的同时应协同多元力量宣传和弘扬农业环保功能，倡导循环农业。农业非但不是内生型污染产业，相反，农业是地球赖以净化、美化的环保产业。作为农业生产重要载体的土壤自身就是一个巨大的碳汇库。在传统农业时期，农业可以通过物质循环实现清洁生产和持续发展，只是由于近代投入式农业的发展偏差，物质循环系统被切断。在推广绿色发展理念的同时引入新的技术，对农业面源污染源进行资源化处理，再将其以新的形态投入农业生产，充分发挥农业消化与吸收生产废料、净化环境的功能。在农户行为引导上，政策制定者应促使农户把潜在的生态素养和意愿转变成实际的生态安全生产行为。可以在有条件的地区鼓励农户参与农业面源污染治理政策的制定，在农业面源污染治理过程中，尽可能保证公开、透明性，增加农户信任度，为农户农业生态保护意愿向行为的转化扫清障碍。

（4）在中国以家庭联产承包为主的农业经营形式下，农户的风险规避倾向比一般经济主体更强，此时应建立健全农业保险机制，降低农业生产不确定性。具体而言，县域政府应完善农业生产产量、价格、面积等数据库，加强公共服务投入，促进农业保险市场发展；必要时可以在不会过度增加财政负担的前提下科学核定保费补贴，促进农民参保。

第三节 农业面源污染研究展望

有效防治农业面源污染是中国农业绿色转型的应有之义，也成为近几年学术界广泛探讨的主题。本书的研究基于县域视角，优化了县域农业面源污染动态权变规制路径，在一定程度上为农业面源污染防治研究尽了微薄之力。由于受到研究主题、研究结构、数据获取、研究方法等一些客观条件约束，本书在研究过程中发现在以下方面仍可以拓展研究。

（1）中国人口增长还在继续，农业产出需求还在增加，而农业技术进步是一个持续、缓慢的过程，农业生产对农药、化肥等化学投入品的依赖在较长的一段时间内仍将存在，从这个层面上可以肯定，农业面源污染排放在未来一段时间内仍具有刚性需求。而未来农业面源污染的走势，是中国社会经济健康发展的重要参考。因此，在研究农业面源污染规制及农业农村可持续发展问题时，着眼于农业面源污染的未来趋势十分必要。

（2）农业面源污染污染源需要统一的、明晰的界定。由于缺乏一致的界定，现有研究多基于各自对农业面源污染的界定展开，研究结论的可采纳性因此大打折扣，实为缺憾。在本书的实证研究中，为了保证研究的稳健性，避免这一问题的干扰，采用了研究细化策略，对农业面源污染仅从种植方面区分，至少保证了本书研究结论在种植性领域的可信性。虽然本书认为规模化养殖带来的污染应归于点源污染而不是面源污染，但也同时承认农户散养导致的养殖业面源污染不能忽视。而且，作为农业面源污染防治的有效途径之一，种养结合的生态观念已经被广泛接受，此时农业面源污染的情形更为复杂，农业面源污染污染源细化研究的需求更为强烈。

（3）农业面源污染规制路径的优化设计是一项有着严肃目的的理论与实践相结合的科研工作。为了使研究更为严谨，在设计农业面源污染县域动态权变规制之前先后开展了宏观和微观角度的理论及实证的双向检验，但由于中国目前县域农业面源污染规制的几近制度空白和组织空白状态，动态权变规制设计中环境情境与规制手段的匹配或基于各国治理实践的经验分析，或基于规制工具本身的理论推演，实践可行性需要检验，在此后的研究工作中将对此做进一步的完善并研究其实施效度。

总之，在乡村振兴战略和“美丽乡村建设”的双重指引下，贯彻可持续发展理念，寻求农业面源污染环境规制仍有很大的探索空间和发展前景，需要进一步根据实际情况和发展短板，各有侧重地在县域层面进行农业面源污染规制，更为重要的是，农业面源污染治理工作仍存在严峻的挑战和考验，期待有更高的理论智慧和切实可行的路径去实现农业生态环境改善的具体目标。

附录

附录一　农户农业生产行为与农业面源污染一对一访谈提纲

课题调研小组向您承诺，今天的访谈所涉及的内容以及您所阐述的个人观点，仅用于本课题的科学研究，且严格为您保密。

一、访谈目的

了解农户农业生产行为、生态观念与农业面源污染。

二、访谈目的及重点

通过访谈，深入了解农户对农业面源污染的认知、农户生态情感、农户农业生产行为偏好情况，了解现有的农业面源污染规制政策取得的成效及其对农户生态认知、亲环境生产行为等方面的影响，了解农业面源污染当前状况、存在的问题等。

三、访谈内容

1. 您现在拥有多少面积的农地？一般是怎么安排种植农作物的？

2. 您一般都在什么时候选择施撒化肥？

3. 您看到邻居施撒化肥的时候是不是也跟着去撒化肥，即使庄稼并不真正需要化肥？

4. 您每年要花费多少钱购买化肥？这会让您感觉到经济压力吗？

5. 您认为撒化肥喷农药会造成污染吗？

6. 您种地的时候会用到地膜吗？用过的地膜您是怎么处理的？

7. 您在媒体或书籍上了解过农业面源污染吗？

8. 您知道当前大部分的地膜是不可降解的吗？

9. 您认为×××（采访地的地名）的环境怎么样？

10. 您觉得当前的环境有多大的改善空间？

11. 当前的环境和生产中使用的农药、化肥、地膜有关吗？

12. 如果别人家施撒了过多的化肥，您会出于环境保护的理由劝阻他吗？

13. 您有没有听说过测土配方施肥？你是否考虑过测土配方施肥？

14. 您喷药的时候是严格按照说明书来使用吗？会不会为了能够阻断农作物害虫或病菌而喷洒浓度更高的农药？

15. 您认为机械喷药的效果如何？

16. 如果撒施化肥要缴纳额外的税费，您会考虑不用或少用化肥吗？

17. 您认为当前的农村是生态环境保护重要还是农村的快速发展重要？

18. 您生活的地区有遭到污染的河流吗？您认为这个污染和农业生产有没有关系？

19. 您的农产品主要通过什么渠道销售？使用肥料和不适用肥料的农产品在价格和质量上区别大吗？

20. 如果您一定要过多使用化肥农药，您最重要的理由是什么？

21. 您主要从什么地方购买化肥等生产物质？

22. 您在媒体或书籍上了解过农业面源污染吗？

23. 您有购买农作物保险吗？如果赶上旱涝灾害，您一般是如何面对的？

24. 您听过政府对防治农业面源污染的宣传吗？您是通过什么途径知道的？

25. 如果政府对乱喷农药实施罚款，您还要乱喷农药吗？

26. 化肥撒多了会不会带来其他风险？比如土壤有什么改变等。

27. 您认为农业生态环境的治理主要应通过什么途径解决？（仅针对农业面源污染有一定了解的访谈对象）

28. 如果您村的村干部种地使用过多的化肥，这会对您使用化肥的行为产生影响吗？

29. 您在外打工吗？您打工的收入占您全部收入的多少比例？您会不会因为在外打工太忙也不得不选择使用过多的化肥来保证收成？

30. 如果政府出台规定禁止使用化肥，您还会继续使用化肥吗？

附录二　农户农业生产农业面源污染行为小组座谈提纲

一、会谈准备工作

1. 确定座谈目的和内容：通过小组座谈了解农户生产过程中过度投入农用化学品的行为的影响因素，了解其生态意愿、行为偏好

2. 时间准备：2 小时

3. 参与人数：主持人（调研团队成员）以及 6 位农户（随机选择）

二、座谈会流程

1. 气氛导入（建议时间 10 分钟）

（1）主要介绍调研的目的，介绍农户相互认知，活跃气氛

（2）简要介绍课题组在一对一访谈中初步了解的情况

2. 主题探讨部分（建议时间 60 分钟）

主持人应在讨论过程中掌控谈论方向和节奏，鼓励畅所欲言，激发大家深入思考

（1）农业面源污染认知，主要谈论农业生产是否带来严重的面源污染

（2）农业面源污染防治的行为准备应该有哪些

（3）过量施撒农业生产物资的行为是否受到社会其他人如邻居、村干部等的影响

（4）农户的生态意愿包括生态愿景、生态责任、生态价值观及其所拥有的环境知识和技能等

（5）农户的投入产出成本是否符合预期

（6）是否存在生产要素替代，如用肥料替代缺失的劳动力等

（7）对政府规制的认知及期望

三、简要总结（建议时间20分钟）

针对谈论结果做初步总结，同时鼓励大家针对总结进一步补充个人观点。最后致谢，结束小组座谈工作。

附录三　农业面源污染研究样本县域列表

省份	样本县域	数量
安徽	桐城　枞阳　肥西　怀宁　旌德　明光　寿县　望江　宿松 和县　当涂　凤台　怀远　来安　南陵　舒城　涡阳　黟县 泾县　砀山　凤阳　霍邱　郎溪　宁国　泗县　无为　颍上 蒙城　定远　阜南　霍山　利辛　祁门　濉溪　芜湖　岳西 休宁　东至　固镇　绩溪　临泉　潜山　太和　五河　长丰 萧县　繁昌　广德　界首　灵璧　青阳　太湖　歙县　石台 天长　肥东　含山　金寨　庐江　全椒	60

续表

省份	样本县域	数量
甘肃	永靖 镇原 甘谷 合作 舟曲 康县 灵台 秦安 渭源 玉门 成县 皋兰 和政 金塔 礼县 陇西 清水 文县 漳县 崇信 高台 华池 泾川 两当 碌曲 庆城 武山 正宁 宕昌 古浪 华亭 景泰 临潭 民乐 山丹 西和 庄浪 迭部 瓜州 环县 靖远 临洮 民勤 肃南 夏河 榆中 东乡 广河 徽县 静宁 临夏 岷县 天祝 永昌 卓尼 敦煌 合水 会宁 康乐 临泽 宁县 通渭 永登 阿克塞 张家川 积石山	66
河北	广平 安国 大名 广宗 涞源 南和 饶阳 遵化 兴隆 丰宁 安平 定兴 海兴 乐亭 南皮 任丘 蔚县 雄县 涞水 安新 定州 行唐 蠡县 内丘 任县 魏县 盐山 围场 霸州 东光 河间 临城 宁晋 容城 文安 阳原 新乐 柏乡 涿鹿 怀安 临西 平泉 三河 无极 易县 宽城 泊头 阜城 怀来 临漳 平山 沙河 吴桥 永清 邢台 博野 阜平 黄骅 灵寿 平乡 尚义 武安 玉田 高碑店 沧县 新乐 鸡泽 隆化 迁安 涉县 武强 元氏 涿州 昌黎 高阳 晋州 隆尧 迁西 深泽 武邑 赞皇 大城 成安 高邑 井陉 卢龙 望都 深州 献县 枣强 大厂 承德 沽源 景县 滦南 青县 顺平 香河 张北 曲周 赤城 固安 巨鹿 滦平 清河 肃宁 辛集 赵县 孟村 磁县 故城 康保 滦县 邱县 唐县 新河 正定 南宫 曲阳 馆陶 青龙	121
河南	中牟 安阳 滑县 鲁山 内乡 商水 卫辉 项城 伊川 光山 宝丰 淮滨 鹿邑 宁陵 上蔡 尉氏 新安 宜阳 正阳 博爱 淮阳 栾川 平舆 社旗 温县 新蔡 义马 叶县 郸城 潢川 罗山 濮阳 沈丘 武陟 新密 荥阳 襄城 登封 辉县 洛宁 淇县 嵩县 舞钢 新县 永城 桐柏 邓州 获嘉 孟津 杞县 睢县 舞阳 新乡 虞城 商城 范县 郏县 孟州 沁阳 遂平 西华 新野 禹州 内黄 方城 浚县 泌阳 清丰 台前 西平 新郑 原阳 卢氏 封丘 兰考 渑池 确山 太康 西峡 修武 长葛 镇平 扶沟 林州 民权 汝南 汤阴 息县 鄢陵 长垣 偃师 巩义 临颍 南乐 汝阳 唐河 淅川 延津 柘城 夏邑 固始 灵宝 南召 汝州 通许	105

续表

省份	样本县域									数量
浙江	云和	安吉	德清	江山	临安	平阳	嵊泗	桐庐	象山	52
	长兴	苍南	东阳	缙云	临海	浦江	嵊州	桐乡	新昌	
	诸暨	常山	海宁	景宁	龙泉	青田	松阳	温岭	永嘉	
	平湖	淳安	海盐	开化	龙游	庆元	遂昌	文成	永康	
	玉环	慈溪	嘉善	兰溪	宁海	瑞安	泰顺	武义	余姚	
	仙居	岱山	建德	乐清	磐安	三门	天台			
陕西	神木	白河	凤翔	华阴	留坝	平利	石泉	旬邑	镇巴	77
	宁陕	白水	佛坪	黄陵	陇县	蒲城	绥德	延川	镇坪	
	麟游	彬县	扶风	黄龙	洛川	岐山	太白	延长	志丹	
	合阳	城固	府谷	佳县	洛南	千阳	潼关	洋县	周至	
	凤县	澄城	富平	泾阳	略阳	乾县	吴堡	宜川	子长	
	旬阳	淳化	富县	靖边	眉县	清涧	吴起	宜君	子洲	
	长武	大荔	甘泉	岚皋	米脂	三原	武功	永寿	紫阳	
	兴平	丹凤	韩城	蓝田	勉县	山阳	西乡	柞水	镇安	
	商南	定边	汉阴	礼泉	宁强					
江苏	东台	宝应	丰县	海门	昆山	如东	睢宁	兴化	宜兴	41
	海安	滨海	阜宁	建湖	溧阳	如皋	太仓	盱眙	张家港	
	句容	常熟	高邮	江阴	涟水	射阳	泰兴	扬中	泗阳	
	新沂	丹阳	灌南	金湖	沛县	沭阳	响水	仪征	启东	
	泗洪	东海	灌云	靖江	邳州					
吉林	东辽	安图	敦化	桦甸	靖宇	梅河口	舒兰	图们	榆树	39
	和龙	大安	扶余	珲春	梨树	农安	双辽	汪清	长白	
	蛟河	德惠	抚松	辉南	临江	磐石	洮南	延吉	长岭	
	龙井	东丰	公主岭	集安	柳河	永吉	通化	伊通	镇赉	
	乾安	通榆	前郭尔罗斯							

参考文献

[1] 艾慧．生态意识与行为矩阵及影响行为的因素研究 [J]．求索，2008 (3)：43 -45.

[2] (美) 安德烈·施莱弗，罗伯特·维什尼．掠夺之手：政府病及其治疗 [M]．赵红军，译．北京：中信出版社，2004：96 -189.

[3] (美) B. 盖伊·彼得斯，弗兰斯·K. M. 冯尼斯潘．公共政策工具：对公共管理工具的评价 [M]．顾建光，译．北京：中国人民大学出版社，2007：128 -191.

[4] (美) 彼得·圣吉．第五项——修炼学习型组织的艺术与实践 [M]．张成林，译．北京：中信出版社，2009：247 -371.

[5] 薄文广．中国区际增长溢出效应及其差异——基于面板数据的实证研究 [J]．经济科学，2008 (3)：34 -47.

[6] (英) 布赖恩·特纳．公民身份与社会理论 [M]．郭忠华，蒋红军，译．长春：吉林出版集团有限责任公司，2007：102 -149.

[7] 曹文杰，赵瑞莹．国际农业面源污染研究演进与前沿——基于 CiteSpace 的量化分析 [J]．干旱区资源与环境，2019，33 (7)：1 -9.

[8] 曹正汉，周杰．社会风险与地方分权——中国食品安全监管实行地方分级管理的原因 [J]．社会学研究，2013，28 (1)：182 -205，245.

[9] (美) 查尔斯·林德布洛姆．政治与市场：世界的政治 - 经济制度 [M]．王逸舟，译．上海：上海三联书店，1997：17 -254.

[10] 畅华仪，张俊飚，何可．技术感知对农户生物农药采用行为

的影响研究［J］. 长江流域资源与环境，2019，28（1）：202－211.

［11］陈俊聪，王怀明. 农业保险与农业面源污染：影响因素及其度量——基于联立方程组模型的情景模拟［J］. 上海财经大学学报，2015，17（5）：34－43，56.

［12］陈敏鹏，陈吉宁，赖斯芸. 中国农业和农村污染的清单分析与空间特征识别［J］. 中国环境科学，2006（6）：751－755.

［13］陈玉成，杨志敏，陈庆华，等. 基于"压力—响应"态势的重庆市农业面源污染的源解析［J］. 中国农业科学，2008（8）：2362－2369.

［14］杜焱强，刘平养，包存宽，等. 社会资本视阈下的农村环境治理研究——以欠发达地区J村养殖污染为个案［J］. 公共管理学报，2016，13（4）：101－112，157－158.

［15］杜运伟，景杰. 乡村振兴战略下农户绿色生产态度与行为研究［J］. 云南民族大学学报（哲学社会科学版），2019，36（1）：95－103.

［16］段慧峰，白福臣. 循环经济伦理观建构途径探析——基于环境公民社会视角下的考量［J］. 经济与社会发展，2012（3）：56－68.

［17］段伟，马奔，秦青，等. 基于生计资本的农户生态保护行为研究［J］. 生态经济，2016，32（8）：180－185.

［18］樊玉然，吕福玉. 效率视角的盐业规制改革：从激励性规制到市场化［J］. 宏观经济研究，2012（8）：26－35.

［19］范庆泉. 环境规制、收入分配失衡与政府补偿机制［J］. 经济研究，2018，53（5）：14－27.

［20］冯兰刚，赵国杰. 环境库兹涅茨理论解释机理的再考量［J］. 管理现代化，2011（1）：35－37.

［21］冯淑怡，曲福田，周曙东，等. 农村发展中环境管理研究［M］. 北京：科学出版社，2014：36－135.

［22］冯潇，薛永基，刘欣禺. 生态知识对林区农户生态保护行为影响的实证研究——生态情感与责任意识的中间作用［J］. 资源开发与

市场，2017，33（3）：284－288，294.

［23］冯孝杰，魏朝富，谢德体，等. 农户经营行为的农业面源污染效应及模型分析［J］. 中国农学通报，2005（12）：354－358.

［24］付意成，臧文斌，董飞，等. 基于SWAT模型的浑太河流域农业面源污染物产生量估算［J］. 农业工程学报，2016，32（8）：1－8.

［25］傅剑. 社会力量参与保障性住房项目行为机理及政府规制研究［D］. 杭州：浙江工业大学，2017：12－36.

［26］傅京燕，李丽莎. 环境规制、要素禀赋与产业国际竞争力的实证研究——基于中国制造业的面板数据［J］. 管理世界，2010（10）：87－98，187.

［27］高怀友，陈勇. 中国农业环境保护工作现状［J］. 中国环境管理，1999（3）：15－16.

［28］葛继红，周曙东. 农业面源污染的经济影响因素分析——基于1978～2009年的江苏省数据［J］. 中国农村经济，2011（5）：72－81.

［29］郭利京，赵瑾. 农户亲环境行为的影响机制及政策干预——以秸秆处理行为为例［J］. 农业经济问题，2014，35（12）：78－84，112.

［30］郭清卉，李昊，李世平，等. 个人规范对农户亲环境行为的影响分析——基于拓展的规范激活理论框架［J］. 长江流域资源与环境，2019，28（5）：1176－1184.

［31］郭士勤，蒋天中. 农业环境污染及其危害［J］. 农业环境科学学报，1981（0）：24－25.

［32］韩冬梅，刘静，金书秦. 中国农业农村环境保护政策四十年回顾与展望［J］. 环境与可持续发展，2019，44（2）：16－21.

［33］何精华. 府际合作治理：生成逻辑、理论涵义与政策工具［J］. 上海师范大学学报（哲学社会科学版），2011，40（6）：41－48.

［34］胡若隐. 地方行政分割与流域水污染治理悖论分析［J］. 环境保护，2006（6）：65－68.

[35] 胡文慧，李光永，孟国霞，等. 基于SWAT模型的汾河灌区非点源污染负荷评估 [J]. 水利学报，2013，44（11）：1309－1316.

[36] 贾旭东，谭新辉. 经典扎根理论及其精神对中国管理研究的现实价值 [J]. 管理学报，2010，7（5）：656－665.

[37] 简新华，彭善枝. 中国环境政策矩阵的构建与分析 [J]. 中国人口·资源与环境，2003（6）：32－37.

[38] 姜婧婧，杜鹏飞.SWAT模型流域划分方法在平原灌区的改进及应用 [J]. 清华大学学报（自然科学版），2019，22（10）：1－7.

[39] 揭昌亮，王金龙，庞一楠. 中国农业增长与化肥面源污染：环境库兹涅茨曲线存在吗？[J]. 农村经济，2018（11）：110－117.

[40] 解春艳，丰景春，张可，等. "互联网＋"战略的农业面源污染治理效应研究——基于地理空间视角 [J]. 软科学，2017，31（4）：5－8，14.

[41] 邝佛缘，陈美球，鲁燕飞，等. 生计资本对农户耕地保护意愿的影响分析——以江西省587份问卷为例 [J]. 中国土地科学，2017，31（2）：58－66.

[42] 赖斯芸，杜鹏飞，陈吉宁. 基于单元分析的非点源污染调查评估方法 [J]. 清华大学学报（自然科学版），2004，44（9）：1184－1187.

[43] 赖正清，李硕，李呈罡，等.SWAT模型在黑河中上游流域的改进与应用 [J]. 自然资源学报，2013，28（8）：1404－1413.

[44] 李波. 我国农地资源利用的碳排放及减排政策研究 [D]. 武汉：华中农业大学，2011：84－87.

[45] 李伯涛，马海涛，龙军. 环境联邦主义理论述评 [J]. 财贸经济，2009（10）：131－135.

[46] 李博伟，徐翔. 农业生产集聚、技术支撑主体嵌入对农户采纳新技术行为的空间影响——以淡水养殖为例 [J]. 南京农业大学学报（社会科学版），2018，18（1）：124－136，164.

[47] 李丹. 农业面源污染治理的基层困境：一个来自农户风险偏

好视角的分析［A］. 2017中国环境科学学会科学与技术年会论文集（第一卷）［C］. 2017：23－65.

［48］李谷成. 中国农业的绿色生产率革命：1978－2008年［J］. 经济学（季刊），2014，13（2）：537－558.

［49］李海鹏，张俊飚. 中国农业面源污染与经济发展关系的实证研究［J］. 长江流域资源与环境，2009，18（6）：585－590.

［50］李昊，李世平，南灵，等. 中国农户环境友好型农药施用行为影响因素的Meta分析［J］. 资源科学，2018，40（1）：74－88.

［51］李怀恩. 估算非点源污染负荷的平均浓度法及其应用［J］. 环境科学学报，2000，20（4）：397－400.

［52］李家科，李亚娇，李怀恩，等. 非点源污染负荷预测的多变量灰色神经网络模型［J］. 西北农林科技大学学报（自然科学版），2011，39（3）：229－234.

［53］李静，李晶瑜. 中国粮食生产的化肥利用效率及决定因素研究［J］. 农业现代化研究，2011，32（5）：565－568.

［54］李静，杨娜，陶璐. 跨境河流污染的"边界效应"与减排政策效果研究——基于重点断面水质监测周数据的检验［J］. 中国工业经济，2015（3）：31－43.

［55］李娜，韩维峥，沈梦楠，等. 基于输出系数模型的水库汇水区农业面源污染负荷估算［J］. 农业工程学报，2016，32（8）：224－230.

［56］李宁. 农地产权变迁中的结构细分特征研究［D］. 南京：南京农业大学，2016：1－35.

［57］李香菊，刘浩. 区域差异视角下财政分权与地方环境污染治理的困境研究——基于污染物外溢性属性分析［J］. 财贸经济，2016，37（2）：41－54.

［58］李兆亮. 中国农业与农村污染排放的时空差异与脱钩分析［A］. 2016中国新时期土地资源科学与新常态创新发展战略研讨会暨中国自然资源学会土地资源研究专业委员会30周年纪念会论文集，2016：

123－145.

［59］李志刚，何诗宁，于秋实，等．海尔集团小微企业的生成路径及其模式分类研究——基于扎根理论方法的探索［J］．管理学报，2019，16（6）：791－800.

［60］梁流涛，冯淑怡，曲福田．农业面源污染形成机制：理论与实证［J］．中国人口·资源与环境，2010，20（4）：74－80.

［61］林雪原，荆延德．基于“压力—状态—响应”机制的济宁市农业面源污染研究［J］．环境污染与防治，2015，37（4）：99－105，110.

［62］刘怀宇，李晨婕，温铁军．“被动闲暇”中的劳动力机会成本及其对粮食生产的影响［J］．中国人民大学学报，2008（6）：21－30.

［63］刘洁，陈晓宏，周纯，等．非点源污染在东江河流水环境中的贡献比例估算［J］．中国人口·资源与环境，2014，24（S3）：79－82.

［64］刘妙品，南灵，李晓庆，等．环境素养对农户农田生态保护行为的影响研究——基于陕、晋、甘、皖、苏五省1023份农户调查数据［J］．干旱区资源与环境，2019，33（2）：53－59.

［65］刘小兵．政府管制的经济分析［M］．上海：上海财经大学出版社，2004：125－176.

［66］刘亚琼，杨玉林，李法虎．基于输出系数模型的北京地区农业面源污染负荷估算［J］．农业工程学报，2011，27（7）：7－12.

［67］刘志欣，邵景安，李阳兵．重庆市农业面源污染源的EKC实证分析［J］．西南师范大学学报（自然科学版），2015，40（11）：94－101.

［68］刘庄，晁建颖，张丽，等．中国非点源污染负荷计算研究现状与存在问题［J］．水科学进展，2015，26（3）：432－442.

［69］娄成武，于东山．西方国家跨界治理的内在动力、典型模式与实现路径［J］．行政论坛，2011，18（1）：88－91.

[70] 鲁庆尧，王树进．我国农业面源污染的空间相关性及影响因素研究 [J]．经济问题，2015 (12)：93-98.

[71] 陆旸．环境规制影响了污染密集型商品的贸易比较优势吗? [J]．经济研究，2009，44 (4)：28-40.

[72] 陆尤尤，胡清宇，段华平，等．基于“压力—响应”机制的江苏省农业面源污染源解析及其空间特征 [J]．农业现代化研究，2012，33 (6)：731-735.

[73] 栾江，仇焕广，井月，等．我国化肥施用量持续增长的原因分解及趋势预测 [J]．自然资源学报，2013，28 (11)：1869-1878.

[74] 马奔，申津羽，丁慧敏，等．基于保护感知视角的保护区农户保护态度与行为研究 [J]．资源科学，2016，38 (11)：2137-2146.

[75] 马国霞，於方，曹东，等．中国农业面源污染物排放量计算及中长期预测 [J]．环境科学学报，2012，32 (2)：489-497.

[76] 马士国．环境规制工具的选择与实施：一个述评 [J]．世界经济文汇，2008 (3)：76-90.

[77] 马云泽．当前中国农村环境污染问题的根源及对策——基于规制经济学的研究视角 [J]．广西民族大学学报（哲学社会科学版），2010，32 (1)：18-21.

[78] 米建伟，黄季焜，陈瑞剑，等．风险规避与中国棉农的农药施用行为 [J]．中国农村经济，2012 (7)：60-71，83.

[79] (澳) 欧文·E. 休斯．公共管理导论（第四版）[M]．张成福等，译．北京：中国人民大学出版社，2015：175-306.

[80] 潘丹，孔凡斌．基于扎根理论的畜禽养殖废弃物循环利用分析：农户行为与政策干预路径 [J]．江西财经大学学报，2018 (3)：95-104.

[81] 潘文卿，李子奈．中国沿海与内陆间经济影响的反馈与溢出效应 [J]．经济研究，2007 (5)：68-77.

[82] 彭世奖．从中国农业发展史看未来的农业与环境 [J]．中国农史，2000 (3)：86-90，113.

[83] 钱忠好，冀县卿．中国农地流转现状及其政策改进——基于江苏、广西、湖北、黑龙江四省（区）调查数据的分析［J］．管理世界，2016（2）：71-81.

[84] 秦天，彭珏，邓宗兵．农业面源污染、环境规制与公民健康［J］．西南大学学报（社会科学版），2019，45（4）：91-99，198-199.

[85] 丘雯文，钟涨宝，原春辉，等．中国农业面源污染排放的空间差异及其动态演变［J］．中国农业大学学报，2018，23（1）：152-163.

[86] 全球治理委员会．我们的全球伙伴关系［M］．伦敦：牛津大学出版社，1995：23-146.

[87] 饶静，许翔宇，纪晓婷．我国农业面源污染现状、发生机制和对策研究［J］．农业经济问题，2011，32（8）：81-87.

[88] 任玮，代超，郭怀成．基于改进输出系数模型的云南宝象河流域非点源污染负荷估算［J］．中国环境科学，2015，35（8）：2400-2408.

[89] 桑学锋，周祖昊，秦大庸，等．改进的SWAT模型在强人类活动地区的应用［J］．水利学报，2008，39（12）：1377-1383，1389.

[90] 石嫣，程存旺，朱艺，等．中国农业源污染防治的制度创新与组织创新——兼析《第一次全国污染源普查公报》［J］．农业经济与管理，2011（2）：27-37.

[91] 司春林．技术创新的溢出效应——知识产权保护与技术创新的政策问题［J］．研究与发展管理，1995（3）：1-5.

[92] 宋林旭，刘德富，肖尚斌，等．基于SWAT模型的三峡库区香溪河非点源氮磷负荷模拟［J］．环境科学学报，2013，33（1）：267-275.

[93] 孙友祥，安家骏．跨界治理视角下武汉城市圈区域合作制度的建构［J］．中国行政管理，2008（8）：57-59.

[94] 孙志建．政府治理的工具基础：西方政策工具理论的知识学

诠释［J］. 公共行政评论，2011，4（3）：67－103，180－181.

［95］谭爽. 邻避运动与环境公民社会建构——一项“后传式”的跨案例研究［J］. 公共管理学报，2017，14（2）：48－58，154－155.

［96］唐为. 分权、外部性与边界效应［J］. 经济研究，2019，54（3）：103－118.

［97］田若蘅，黄成毅，邓良基，等. 四川省化肥面源污染环境风险评估及趋势模拟［J］. 中国生态农业学报，2018，26（11）：1739－1751.

［98］庹国柱，朱俊生. 论收入保险对完善农产品价格形成机制改革的重要性［J］. 保险研究，2016，（6）：3－11.

［99］汪伟全. 空气污染的跨域合作治理研究——以北京地区为例［J］. 公共管理学报，2014，11（1）：55－64，140.

［100］王美，李书田. 肥料重金属含量状况及施肥对土壤和作物重金属富集的影响［J］. 植物营养与肥料学报，2014，20（2）：466－480.

［101］王刚. 海洋环境风险的特性及形成机理：基于扎根理论分析［J］中国人口·资源与环境，2016，26（4）：22－29.

［102］王火根，梁弋雯. 基于扎根理论农村清洁能源推广影响因素研究［J］. 科技管理研究，2018，38（11）：234－239.

［103］王建明，王俊豪. 公众低碳消费模式的影响因素模型与政府管制政策——基于扎根理论的一个探索性研究［J］. 管理世界，2011（4）：58－68.

［104］王俊豪. 政府管制经济学导论［M］. 北京：商务印书馆，2001：135－182.

［105］王俊豪. 中国政府管制体制改革研究［M］. 北京：经济科学出版社，1999：158－261.

［106］王明天，梁媛媛，薛永基. 社会资本对林区创业农户生态保护行为影响的实证分析［J］. 中国农村观察，2017（2）：81－92.

［107］王淑英，李博博，张水娟. 基于空间计量的环境规制、空间

溢出与绿色创新研究［J］. 地域研究与开发，2018（2）.

［108］王现林. 农村环境污染内生性刍议［J］. 农村经济，2015（2）：97－102.

［109］王则宇，李谷成，周晓时. 农业劳动力结构、粮食生产与化肥利用效率提升——基于随机前沿生产函数与Tobit模型的实证研究［J］. 中国农业大学学报，2018，23（2）：158－168.

［110］（德）乌尔里希·贝克. 风险社会［M］. 何博闻，译. 上海：译林出版社，2004：38－53.

［111］吴海涛，霍增辉，臧凯波. 农业补贴对农户农业生产行为的影响分析——来自湖北农村的实证［J］. 华中农业大学学报（社会科学版），2015（5）：25－31.

［112］吴其勉，林卿. 农业面源污染与经济增长的动态关系研究——基于1995—2011年福建省数据分析［J］. 江西农业大学学报（社会科学版），2013，12（4）：445－452.

［113］吴岩，杜立宇，高明和，等. 农业面源污染现状及其防治措施［J］. 农业环境与发展，2011，28（1）：64－67.

［114］吴义根，冯开文，李谷成. 人口增长、结构调整与农业面源污染——基于空间面板STIRPAT模型的实证研究［J］. 农业技术经济，2017（3）：75－87.

［115］吴义根，冯开文，李谷成. 我国农业面源污染的时空分异与动态演进［J］. 中国农业大学学报，2017，22（7）：186－199.

［116］习近平. 摆脱贫困［M］. 福州：福建人民出版社，2014：87－149.

［117］夏秋，李丹，周宏. 农户兼业对农业面源污染的影响研究［J］. 中国人口·资源与环境，2018，28（12）：131－138.

［118］肖新成，何丙辉，倪九派，等. 农业面源污染视角下的三峡库区重庆段水资源的安全性评价——基于DPSIR框架的分析［J］. 环境科学学报，2013，33（8）：2324－2331.

［119］肖新成. 重庆三峡库区农业面源污染防治研究［D］. 重庆：

西南大学，2015：13－25.

[120] 谢地．政府规制经济学［M］．北京：高等教育出版社，2003：176－249.

[121] 谢庆奎．中国政府的府际关系研究［J］．北京大学学报（哲学社会科学版），2001（1）：26－34.

[122] 辛术贞，李花粉，苏德纯．我国污灌污水中重金属含量特征及年代变化规律［J］．农业环境科学学报，2011，30（11）：2271－2278.

[123] 熊昭昭，王书月，童雨，等．江西省农业面源污染时空特征及污染风险分析［J］．农业环境科学学报，2018，37（12）：2821－2828.

[124] 徐承红，薛蕾．农业产业集聚与农业面源污染——基于空间异质性的视角［J］．财经科学，2019（8）：82－96.

[125] 许佳贤，郑逸芳，林沙．农户农业新技术采纳行为的影响机理分析——基于公众情境理论［J］．干旱区资源与环境，2018，32（2）：52－58.

[126] 许咏梅，房世杰，马晓鹏，等．农用地膜污染防治战略研究［J］．中国工程科学，2018，20（5）：96－102.

[127] 闫文娟，钟茂初．中国式财政分权会增加环境污染吗［J］．财经论丛，2012（3）：32－37.

[128] 杨峰，徐继敏．"治理体系与治理能力现代化"语境下的县域治理［J］．学术论坛，2016，38（2）：20－24.

[129] 杨彦业，申丽娟，谢德体，等．基于输出系数模型的三峡库区（重庆段）农业面源污染负荷估算［J］．西南大学学报（自然科学版），2015，37（3）：112－119.

[130] 杨志敏，陈玉成，陈庆华，等．户用沼气对三峡库区小流域农业面源污染的削减响应分析［J］．水土保持学报，2011，25（1）：114－118.

[131] 叶延琼，章家恩，李逸勉，等．基于GIS的广东省农业面源

污染的时空分异研究［J］. 农业环境科学学报，2013，32（2）：369－377.

［132］于骥，蒲实，周灵. 四川省农业面源污染与农业增长的实证分析［J］. 农村经济，2016（9）：56－60.

［133］于立，肖兴志. 规制理论发展综述［J］. 财经问题研究，2001（1）：17－24.

［134］于洋. 联合执法：一种治理悖论的应对机制——以海洋环境保护联合执法为例［J］. 公共管理学报，2016，13（2）：49－62，155.

［135］余晖. 政府与企业：从宏观管理到微观管制［M］. 福州：福建人民出版社，1997：137－168.

［136］俞可平. 治理和善治［M］. 北京：社会科学文献出版社，2000：23－68.

［137］俞可平. 治理与善治引论［J］. 马克思主义与现实，1999（5）：37－41.

［138］俞振宁，谭永忠，练款，等. 基于计划行为理论分析农户参与重金属污染耕地休耕治理行为［J］. 农业工程学报，2018，34（24）：266－273.

［139］虞慧怡，扈豪，曾贤刚. 我国农业面源污染的时空分异研究［J］. 干旱区资源与环境，2015，29（9）：1－6.

［140］袁持平. 政府管制的经济分析［M］. 北京：人民出版社，2005：107－135.

［141］原毅军，谢荣辉. 污染减排政策影响产业结构调整的门槛效应存在吗？［J］. 经济评论，2014（5）：75－84.

［142］曾国安. 管制、政府管制与经济管制［J］. 经济评论，2004（1）：93－103.

［143］曾琳琳，李晓云，王砚. 作物多样性变化及其对农业产出的影响——基于期望出产和非期望产出的分析［J］. 长江流域资源与环境，2019，28（6）：1375－1385.

［144］（美）詹姆斯·N. 罗西瑙. 没有政府的治理——世界政治

中的秩序与变革［M］. 张胜军，刘小林，译. 南昌：江西人民出版社，2001：89－137.

［145］张波，白秀广. 黄土高原区苹果化肥利用效率及影响因素——基于358个苹果种植户的调查数据［J］. 干旱区资源与环境，2017，31（11）：55－61.

［146］张锋，胡浩，张晖. 江苏省农业面源污染与经济增长关系的实证［J］. 中国人口·资源与环境，2010，20（8）：80－85.

［147］张锋. 环境治理：理论变迁、制度比较与发展趋势［J］. 中共中央党校学报，2018，22（6）：101－108.

［148］张宏军. 西方外部性理论研究述评［J］. 经济问题，2007（2）：14－16.

［149］张华，丰超，刘贯春. 中国式环境联邦主义：环境分权对碳排放的影响研究［J］. 财经研究，2017，43（9）：33－49.

［150］张立坤，香宝，胡钰，等. 基于输出系数模型的呼兰河流域非点源污染输出风险分析［J］. 农业环境科学学报，2014，33（1）：148－154.

［151］张丽娜. 我国政府规制理论研究综述［J］. 中国行政管理，2006（12）：87－90.

［152］张丽委，张丽平. 突发性大气污染事件诱因耦合与演化机制研究——基于扎根理论的一个探索性研究［J］. 环境科学导刊，2018，37（5）：13－16.

［153］张利国，李礼连，李学荣. 农户道德风险行为发生的影响因素分析——基于结构方程模型的实证研究［J］. 江西财经大学学报，2017（6）：77－86.

［154］张鹏，郭金云. 跨县域公共服务合作治理的四重挑战与行动逻辑——以浙江"五水共治"为例［J］. 东北大学学报（社会科学版），2017，19（5）：497－503.

［155］张卫峰，季玥秀，马骥，等. 中国化肥消费需求影响因素及走势分析：人口、经济、技术、政策［J］. 资源科学，2008（2）：213－

220.

［156］张文彬，李国平．生态补偿、心理因素与居民生态保护意愿和行为研究——以秦巴生态功能区为例［J］．资源科学，2017，39（5）：881－892.

［157］张展羽，司涵，孔莉莉．基于SWAT模型的小流域非点源氮磷迁移规律研究［J］．农业工程学报，2013，29（2）：93－100.

［158］章力建，朱立志．农业立体污染防治是当前环境保护工作的战略需求［J］．环境保护，2007（5）：36－43.

［159］章力建，朱立志．我国"农业立体污染"防治对策研究［J］．农业经济问题，2005（2）：4－7，79.

［160］钟茂初．环境库兹涅茨曲线的虚幻性及其对可持续发展的现实影响［J］．中国人口·资源与环境，2005（5）：5－10.

［161］周黎安．中国地方官员的晋升锦标赛模式研究［J］．经济研究，2007（7）：36－50.

［162］周雪光，练宏．政府内部上下级部门间谈判的一个分析模型——以环境政策实施为例［J］．中国社会科学，2011（5）：80－96.

［163］周雪光，练宏．中国政府的治理模式：一个"控制权"理论［J］．社会学研究，2012，27（5）：69－93，243.

［164］周雪光．权威体制与有效治理：当代中国国家治理的制度逻辑［J］．开放时代，2011（10）：67－85.

［165］周志波，张卫国．环境税规制农业面源污染研究——不对称信息和污染者合作共谋的影响［J］．西南大学学报（自然科学版），2019（2）：75－89.

［166］朱春雨，杨峻，张楠．全球主要国家近年农药使用量变化趋势分析［J］．农药科学与管理，2017，38（4）：13－19.

［167］朱万斌，王海滨，林长松，等．中国生态农业与面源污染减排［J］．中国农学通报，2007（10）：184－187.

［168］卓凯，殷存毅．区域合作的制度基础：跨界治理理论与欧盟经验［J］．财经研究，2007，33（1）：55－65.

[169] Adu J T, Kumarasamy M V. Assessing Non-Point Source Pollution Models: a Review [J]. Polish Journal of Environmental Studies, 2018, (27): 1913 -1922.

[170] Ambus P, Lowrance R. Comparison of Denitrification in Two Riparian Soils [J]. Soil Science Society of America Journal, 1991, 55 (47): 553 -560.

[171] Bhattachary B, Sarkar S K and Mukherjee N. Organochlorine Pesticide Residues in Sediments of a Tropical Mangrove Estuary, India: Implications for Monitoring [J]. Environment International , 2003, 29, (5): 587 -592.

[172] Boulange J, Watanabe H, Inao K, et al. Development and validation of a basin scale model PCPF-1@SWAT for simulating fate and transport of rice pesticides [J]. Journal of Hydrology, 2014, 517: 146 -156.

[173] Bovenberg A L, Mooij R A D. Environmental Tax Reform and Endogenous Growth [J]. Journal of Public Economics, 1994, 63 (2): 207 -237.

[174] Brun J F, Combes J L, Renard M F. Are there spillover effects between coastal and noncoastal regions in China? [J]. China Economic Review, 2002, 13 (2): 161 -169.

[175] Cai H B, Chen Y Y and Gong Q. Polluting thy neighbor: Unintended consequences of China's pollution reduction mandates [J]. Journal of Environmental Economics and Management, 2016, 76 (5): 86 -104.

[176] Carpenter S R, Caraco N F, Correll D L, et al. Nonpoint Pollution of Surface Waters with Phosphorus and Nitrogen [J]. Ecological Applications, 1998, 8 (3): 559 -568.

[177] Carraro C, Leveque F. Voluntary Approaches in Environmental Policy [M]. Springer Netherlands, 1999: 175 -240.

[178] Ce Huang, Ernesto D. R. Santibanez-Gonzalez, Malin Song. Interstate pollution spillover and setting environmental standards [J]. Journal

of Cleaner Production, 2018, 170: 1544 – 1553.

[179] Charmaz KC. Constructing Grounded Theory: A Practical Guide Through Qualitative Analysis [M]. Thousand Oaks: Sage Publications, 2006: 321 – 396.

[180] Chen C. CiteSpace Ⅱ: Detecting and visualizing emerging trends and transient patterns in scientific literature [J]. Journal of the China Society for Scientific & Technical Information, 2009, 57 (3): 359 – 377.

[181] Clark W C, Dickson N M. Sustainability science: the emerging research program [J]. Proceedings National Academy of Sciences, 2003, 100 (14): 8059 – 8061

[182] Conradt S, Finger R, Sporri M. Flexible weather index-based insurance design [J]. Climate Risk Management, 2015, (10): 106 – 117.

[183] Dale S R. Environmental Kuznets Curves-Real Progress or Passing Buck? A Case for Consumption based Approaches [J]. Ecological Economics, 1998 (25): 177 – 194.

[184] Defrancesco E, Gatto P, Runge C F, et al. Factors Affecting Farmers' Participation in Agri-Environmental Measures: Evidence from a Case Study [J]. Samuele Trestini, 2006.

[185] Dobson A. Environmental Citizenship: Towards Sustainable Development [J]. Sustainable Development, 2007 (15): 276 – 285.

[186] Duvivier C, Xiong H. Transboundary pollution in China: a study of polluting firms' location choices in Hebei province [J]. Environment and Development Economics, 2013, 18 (4): 459 – 483.

[187] Ehrlich P R, Holdren J P. Impact of Population Growth [J]. Science, 1971, 171 (3977): 1212 – 1217.

[188] Eliadis P, Hill M M, Howlett M, et al. Designing Government: From Instruments to Governance [M]. MQUP, 2005: 279 – 341.

[189] European Environment Agency, Europe's Water Quality Generally Improving but Agriculture Still the Main Challenge [Z]. http: //

www. eea. eu. int/, 2003.

[190] Fan L, Yuan Y, Ying Z, et al. Decreasing farm number benefits the mitigation of agricultural non-point source pollution in China [J]. Environmental Science and Pollution Research, 2019, 26 (1): 464 – 472.

[191] Fullerton D, Wolverton A. Two Generalizations of a Deposit-Refund System [J]. American Economic Review, 2000, 90 (2): 238 – 242.

[192] Gassman, Philip W, et al. The Soil and Water Assessment Tool: Historical Development, Applications, and Future Research Directions [J]. Transactions of the Asabe, 2007, 50 (4): 1211 – 1250.

[193] Gburek W J, Sharpley A N, Heathwaite L, et al. Phosphorus management at the watershed scale: a modification of the phosphorus index [J]. Journal of Environmental Quality, 2000, 29 (1): 130 – 144.

[194] Greenberg A, Clesceri L, Eaton A. Standard Methods of Examination of Water and Waste-water (18th Ed) [M]. New York : American Public Health Association, 1992: 98 – 176.

[195] Grossman G M , Krueger A B. Environmental Impacts of a North American Free Trade Agreement [J]. Social Science Electronic Publishing, 1991, 8 (2): 223 – 250.

[196] Hansen L B, Hansen L G. Can Non-point Phosphorus Emissions from Agriculture be Regulated Efficiently Using Input-Output Taxes? [J]. Environmental and Resource Economics, 2014, 58 (1): 109 – 125.

[197] Harford J D. Firm Behavior Under Imperfectly Enforceable Pollution Standards and Taxes [J]. Journal of Environmental Economics & Management, 1978, 5 (1): 26 – 43.

[198] Heathwaite A L, Quinn P F, Hewett C. Modeling and managing critical source areas of diffuse pollution from agricultural land using flow connectivity simulation [J]. Journal of Hydrology, 2005, 304 (1): 446 – 461.

[199] Hood C, The Tools of Government [M]. London: Macmillan,

1983: 105 –176.

[200] Horan R D. Differences in Social and Public Risk Perceptions and Conflicting Impacts on Point/Nonpoint Trading Ratios [J]. American Journal of Agricultural Economics, 2001, 83 (4): 934 –941.

[201] Howe P D, Yarnal B, Coletti A, et al. The Participatory Vulnerability Scoping Diagram: Deliberative Risk Ranking for Community Water Systems [J]. Annals of the Association of American Geographers, 2013, 103 (2): 343 –352.

[202] Kapkiyai J J, Karanja N K, Qureshi J N, et al. Soil organic matter and nutrient dynamics in a Kenyan nitisol under long-term fertilizer and organic input management [J]. Soil Biology & Biochemistry, 1999, 31 (13): 1773 –1782.

[203] Laffont J J, Tirole J. A Theory of Incentives in Regulation and Procurement [M]. Cambridge: The MIT Press, 1993: 147 –356.

[204] Lipscomb M, Mobarak A M. Decentralization and Pollution Spillovers: Evidence from the Re-drawing of County Borders in Brazil [J]. The Review of Economic Studies, 2017, 84 (1): 464 –502.

[205] Managi S. Are there increasing returns to pollution abatement? Empirical analytics of the Environmental Kuznets Curve in pesticides [J]. Ecological Economics, 2006, 58 (3): 617 –636.

[206] Marie-Louise Bemelmans-Videc, Ray C. Rist, Evert Vedung. Carrots, Sticks and Sermons: Policy Instruments and Their Evaluation [M]. Transaction Publishers, 2003: 69 –151.

[207] Millimet D L. Environmental Federalism: A Survey of the Empirical Literature [J]. Iza Discussion Papers, 2013, 27 (9): 1930 – 1938.

[208] Moriasi D N, Arnold J G, Liew M W V, et al. Model Evaluation Guidelines for Systematic Quantification of Accuracy in Watershed Simulations [J]. Transactions of the Asabe, 2007, 50 (3): 885 –900.

[209] Nakata H, Hirakawa Y, Kawazoe M, et al. Concentrations and compositions of organochlorine contaminants in sediments, soils, crustaceans, fishes and birds collected from Lake Tai, Hangzhou Bay and Shanghai city region, China [J]. Environmental Pollution, 2005, 133 (3): 415 - 429.

[210] Neitsch S L, Arnold J G, Kiniry J R, et al. Soil and Water Assessment Tool theoretical documentation version 2005 [Z]. https://swat.tamu.edu/media/1292/SWAT2005theory.pdf, 2005 - 01 - 25.

[211] Norris D F. Prospects for Regional Governance Under the New Regionalism: Economic Imperatives Versus Political Impediments [J]. Journal of Urban Affairs, 2001, 23 (5): 15.

[212] Oates W E. Environmental Policy in the European Community: Harmonization or National Standards? [J]. Empirica, 1998, 25 (1): 1 - 13.

[213] Ongley E D, Zhang X L, Tao Y. Current status of agricultural and rural non-point source Pollution assessment in China [J]. Environmental Pollution, 2010, 158 (5): 1159 - 1168.

[214] Palmer S, Martin D, Delauer V, et al. Vulnerability and Adaptive Capacity in Response to the Asian Longhorned Beetle Infestation in Worcester, Massachusetts [J]. Human Ecology, 2014, 42 (6): 965 - 977.

[215] Polsky C, Neff R, Yarnal B. Building comparable global change vulnerability assessments: The vulnerability scoping diagram [J]. Global Environmental Change, 2007, 17 (3 - 4): 0 - 485.

[216] Poortinga W, Steg L, Vlek C. Values, Environmental Concern and Environmental Behavior: A Study into Household Energy Use [J]. Environment & Behavior, 2004, 36 (1): 70 - 93.

[217] Price J C, Leviston Z. Predicting pro-environmental agricultural practices: The social, psychological and contextual influences on land man-

agement [J]. Journal of Rural Studies, 2014, 34: 65 - 78.

[218] Prokopy L S, Floress K , Klotthor-Weinkauf D, et al. Determinants of agricultural best management practice adoption: Evidence from the literature [J]. Journal of Soil and Water Conservation, 2008, 63 (5): 300 - 311.

[219] Revesz R. Rehabilitating Interstate Competition: Rethinking the Race-to-the-Bottom Rationale for Federal Environmental Regulation [J]. New York University Law Review, 1992, 67 (6): 1210.

[220] Segerson K, Wu J J . Nonpoint pollution control: Inducing first-best outcomes through the use of threats [J]. Journal of Environmental Economics & Management, 2006, 51 (2): 0 - 184.

[221] Sharpley A N, Chapra S C, Wedepohl R, et al. Managing Agricultural Phosphorus for Protection of Surface Waters: Issues and Options [J]. Journal of Environmental Quality, 1994, 23 (3): 437 - 451.

[222] Shen Z, Liao Q, Hong Q, et al. An overview of research on agricultural non-point source pollution modelling in China [J]. Separation & Purification Technology, 2012, 84 (2): 104 - 111.

[223] Shortle J S, Abler D G, Horan R D. Research Issues in Nonpoint Pollution Control [J]. Environmental and Resource Economics, 1998, 11 (3 - 4): 571 - 585.

[224] Simpson A. An Analysis of Rainfall Weather Index Insurance: The Case of Forage Crops in Canada [D]. The University of Manitoba, 2016: 1 - 15.

[225] Singh, Narendra. Exploring socially responsible behaviour of Indian consumers: an empirical investigation [J]. Social Responsibility Journal, 2009, 5 (2): 200 - 211.

[226] Sirivongs K, Tsuchiya T. Relationship between local residents' perceptions, attitudes and participation towards national protectedareas: A case study of Phou Khao Khouay National Protected Area, central Lao PDR

[J]. Forest Policy and Economics, 2012, 21 (1): 92 - 100.

[227] Skees J R, Hazell P and Miranda M. New Approaches to Publish/Private Crop Yield Insurance [R]. Washington: The World Bank, 1999: 1 - 81.

[228] Stewart, Richard B. Pyramids of Sacrifice-Problems of Federalism in Mandating State Implementations of National Environmental Policy [J]. Yale Law Journal, 1977, 86 (6): 1196 - 1272.

[229] Sun B, Zhang L, Yang L, et al. Agricultural Non-Point Source Pollution in China: Causes and Mitigation Measures [J]. AMBIO, 2012, 41 (4): 370 - 379.

[230] Tim U S, Jolly R. Evaluating Agricultural Nonpoint-Source Pollution Using Integrated Geographic Information Systems and Hydrologic/Water Quality Model [J]. Journal of Environmental Quality, 1994, 23 (1): 25 - 35.

[231] US Environmental Protection Agency, Non-Point Source Pollution from Agriculture [Z]. http//www. epa. gov/region8/nps/npsurb. html, 2003.

[232] Wellisch D. Locational Choices of Firms and Decentralized Environmental Policy with Various Instruments [J]. Journal of Urban Economics, 1995, 37 (3): 290 - 310.

[233] World Bank, 2007. Five Years after Rio: Innovations in Environmental Policy [R]. Environmentally Sustainable Development Studies and Monograph Series, Washington World Bank, 2003 (18): 15 - 37.

[234] Xepapadeas A P. Observability and choice of instrument mix in the control of externalities [J]. Journal of Public Economics, 1995, 56.

[235] Xiang P A, Zhou Y, Huang H, et al. Discussion on the Green Tax Stimulation Measure of Nitrogen Fertilizer Non-Point Source Pollution Control-Taking the Dongting Lake Area in China as a Case [J]. Agricultural sciences in China, 2007, 6 (6): 732 - 741.

[236] Xie X , Cui Y . Development and test of SWAT for modeling hydrological processes in irrigation districts with paddy rice [J]. Journal of Hydrology (Amsterdam), 2011, 396 (1-2): 61-71.

[237] Yang S, Dong G, Zheng D, et al. Coupling Xinanjiang model and SWAT to simulate agricultural non-point source pollution in Songtao watershed of Hainan, China [J]. Ecological Modelling, 2011, 222 (20-22): 3701-3717.

[238] Young R A, Onstad C A, Bosch D, et al. AGNPS: a non-point-source pollution model for evaluating agricultural watersheds [J]. Journal of Soil & Water Conservation, 1989, 44 (2): 168-173.